時報出版

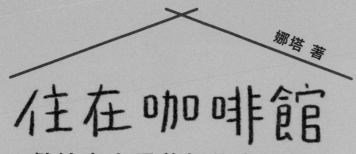

娜塔 著

# 住在咖啡館

## 獻給家人最美好的自然餐食

### 減醣女王娜塔的生活提案&精選居家減醣料理

生活，就是和家人坐在一起，
喝上一杯咖啡，
細細品嘗日常裡的時時刻刻

LIVING IN CAFE

# 目錄
## CONTENTS

**篇章四**
# 在家必備的四款好喝咖啡與推薦入門設備

自序
# 把家搬進咖啡館的開幕感言

開一間咖啡館是無數人年少的夢，這個夢想在我 20 歲就萌發了。

學生時打工待過咖啡館，與另一半韋德的相識也是因為他想開自行車道旁的咖啡屋，故意藉著請我教他的理由約會。我們都喜歡聞著這晨起不可缺乏的香氣，就這樣沉浸在其中超過 20 年。

踏入中年後，我們對咖啡的熱愛依舊，但我的深刻體悟是：把興趣變工作很容易讓熱情消磨不見。

前幾年我轉化念頭：不開咖啡館，但我「住在咖啡館」總行吧—靈感隨著搬家乍現！

於是，我們搬進了以咖啡為設計主軸的家，每天一下樓直接踏入朝思慕想的咖啡館。跟一般營業店家不同的是：我們的客人是自己和親友。

酷吧！

這次玩真的！把咖啡氛圍變成裝潢設計的主題。

每一天活在熱愛的興趣之中，沒有營利的汲汲營營與成本計較（熱情不消磨）。在家做吃的弄喝的最健康安心，把居家餐飲都採用咖啡館的儀式感重新組合，啊，真是太有意思了！

待在家的自由自在與美好幸福，好像都因為我把家跟餐點以咖啡館主題包裝而更升級。

在此恭喜我們實現了「**我家是咖啡館**」的夢，這本書紀錄了實現的過程、設計巧思跟規劃細節，同時也公開獨家的餐飲筆記；每個食譜都是實做無數次的經驗，是實際在家會常吃的健康美味料理。

相信也想把家變身咖啡館的你，這本書能提供既夢幻又實際的參考。

鄉塔

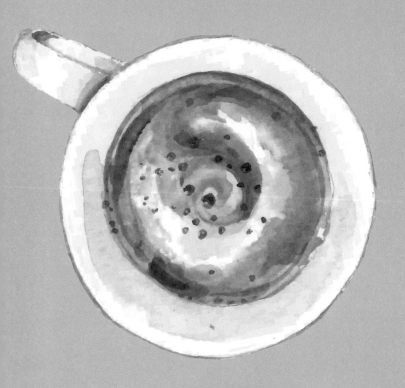

COFFEE
KEEPS
US
TOGETHER.

篇章一

# 咖啡
## __讓我們在一起

前面提到當年我們因咖啡結緣，掐指算一下已經在一起超過 16 年。我的另一半—韋德，當時一心想跟朋友開間咖啡屋，他以學咖啡做藉口約我出去，後來我不但陪他一起開店，連人跟心都交給他了。

名為**阿門阿前**，是因為這裡曾是韋德外婆的葡萄園。

阿門阿前一顆葡萄樹……

其他並沒有長遠的規劃，我們就像蝸牛般在這樹前龜速爬啊爬，那時最大的快樂就是默默地、用心的幫每一位客人烹煮好喝的咖啡。

阿門阿前一棵葡萄樹……蝸牛背著那重重的殼啊，一步一步地往上爬。

傻傻的天真，雖不實際，卻是最珍貴的回憶。

　　直到我們結婚有了第一個孩子，仍開著這不賺錢、常被嘲笑是無聊消磨的店。那時就是一股傻勁，當我們聊到這段總是忍不住笑那時好天真。

　　謝謝那段日子有親友互挺，回想起來是一段單純美好又閃耀的時光，親友假日常來幫忙，也常照顧我們生意，至今我們始終深深感謝著。

　　後來，當店決定結束時，有天深夜裡我回憶那些飄著咖啡與青草香的日子，想著想著因為捨不得而眼眶紅，韋德比我更不捨，因為這間店有他滿滿的信念與期望，有愛人、有友誼相伴的深厚情感，像拿鐵濃得醇香，含苦又帶甘。

中年之後，我們漸漸淡去對開店天真爛漫的想像。成年人喜歡咖啡，我常覺得是因為像在品嚐人生的滋味。

十年後，在社會跌宕起伏中歷練，我對開店開始有了不一樣的想法。

既然我們對在家煮咖啡仍滿腔熱情，那麼何不實現「把家變身咖啡館」的願望？

咖啡使我們相遇、決定攜手度過今生，共同打造最愛的生活氛圍。是的，**這輩子我都要活在咖啡香氣裡，這個夢想我一定要實現！誰說咖啡館只是年輕人的夢？人生是不設限的，只要我們想要。**

我們不是走在通往咖啡館的路上
而是直接住進來了！

012

篇章二

# 我家
# ＿是咖啡館

MY
HOUSE
IS
A CAFE.

我常思索，自己最渴望的生活型態到底是什麼？

直到如今
「住在咖啡館」的這份熱情
一直是喚醒我每天的最大動力。

# 我的
# 「把咖啡館搬進家裡」提案

把咖啡館搬進家裡——這個「場景主題」非常吸引我，我們就是愛咖啡館的家。說做就做，從看房子到設計上來回溝通、細部打造，一點一滴，過程歷時兩年。終於，我們實現了這個夢想！

在家是最放鬆的，喝起咖啡不帶任何壓力，挑選喜歡的豆子，用自己熟悉的設備烹煮，可以細細去品味、找出喜愛的滋味。

注重健康的人，**可以親手製作各種蔬食或營養高蛋白的食物，減醣、少添加，多嘗試不同的方式，非常有樂趣。**最重要的是，全家人可以各自發揮自己的興趣，分工合作再一起坐下享用親手製作的成就感，孩子也能跟著感受從準備到完成的流程，從中學習許多知識，擁有同心協力打造的甜蜜回憶。

家是我認為最好實現「理想咖啡館」氛圍的，因為家人需要的健康餐飲還是自己最清楚、最能掌握飲食內容。

當生活感到疲憊，咖啡環境也會讓人治癒，很神奇。

接下來不妨直接來看看一步步打理的家，如何實現符合心中理想的「我家咖啡館」。

提案 **1**

# 最高預算在 1F

　　選擇了俗稱透天厝的家，對於自幼住在市區大樓的我來說是新鮮的。由於立面朝上有不同樓層，規劃成咖啡館的場景更加適合。這樣可以將交流互動的公共空間跟休憩的房間分開。我們最後討論將**一樓的公共空間全打造成咖啡館場景，其他樓層的房間則採舒服的極簡風。**

　　對於有小孩的家庭，可以實現心中夢想，同時兼顧預算考量。

　　我的規劃是：咖啡館場景以**「餐廳＋展示櫃＋吧台＋廚房」**這些區域做重點設計，至於房間對我們而言主要是休息，簡約舒適即可，所以將裝潢總預算的 65%~70% 分配給一樓公共空間。

　　希望將家裡打造成咖啡館風格的家庭不妨參考這樣的預算分配，在夢想與現實衡量上會比較無壓力。先思考自己對生活場景的主要需求在哪些方面，抓出預算，這樣在設計規劃上才能做最適宜的調配。

提案 **2**

# 當居家風格擁有主題超有趣

每天吃著相似食物、做差不多的事，日復一日很容易磨減動力。

我是很重視生活要有興味和儀式感的人。

家人每天都會聚著聊天、吃飯，一同感受彼此的情緒起伏、分享心情。家是我們很重視的空間，**我總希望讓家不只是「家」，我們能一起在這個咖啡館的空間做各種角色扮演。**

是的，我們之間除了父母孩子的角色外，有時候我是料理老師，或是時常出爐新鮮麵包的烘焙店員工，韋德則是親手調配各種飲品的咖啡師、攝影師，孩子會一起幫忙、耳濡目染我們對家人情感互動和餐飲的重視，在這當中與我們一起細細品嘗這些興趣帶來的成就感。

具兩排走道的開放式廚房

未裝潢前的毛胚圖

提案 **3**

# 動線流暢的安排

選擇毛胚屋，對於空間動線的設計是最建議的選擇。

原本建商在一樓設計了臥室＋廚房面積狹窄，不符合我們居住的需求，因此跟建商討論不做傳統的孝親房，退掉原本的廚房櫃體跟地板等等，讓空間放大，增加吧台需要的水路跟電線。

少了擋去光線的臥房，換來擁有大片中島跟連著書桌的寬敞工作空間，收納空間成排列開，做起事情舒心暢快，工作效率也大幅提升。

將先生熱愛烹煮咖啡的區域獨立出來，與我的地盤——開放式廚房分開，各有各的工作檯面跟水槽，彼此不干擾，夫妻才不會彼此越看越厭（笑）。

提案 **4**

# 餐廳——不只用餐，
# 是全家使用度最高的公共區域

當了媽媽之後，幫家人準備食物是我主要的工作。我本身是極愛在吃吃喝喝中與人相處的性格，所以我對家裡的餐飲空間會有很多想法，是我很重視的區域。

像是把餐廳銜接調製飲品的咖啡吧台和廚房，隨時都能準備好餐飲，就是為了這個高度使用的空間能夠更便利。

但餐廳之於我們家**不僅用餐，它同時也是交談、休閒的空間**。搭配大面的書籍與生活道具展示牆，既方便孩子們閱讀、手作、玩遊戲，還能隨意取放物品。

由於餐廳是家人經常一起使用的區域，所以在設計這個空間時，特別請木工訂製加長型的原木桌，可容納全家人和訪客，平時只有一兩人坐著閱讀繪畫也無妨，有更多空間可伸展，使用的範圍更寬闊。

對身為文字工作者的我而言，這裡常變身一人專屬的咖啡廳，地面有插座可以連接筆記型電腦，藍芽音響隨時播放輕鬆悠揚的音樂；氛圍隨時能切換，無論是家庭與工作都適宜。

客人來訪也十分喜愛此區域，家裡該有的飲食設備不輸外面，吃喝聊天都比起外頭更恣意自在。

尤其，每天一下樓望著陽光灑進原木環繞的餐廳，精神格外清朗愉悅。決心把家裡餐廳打造成咖啡館，帶給我們源源不絕好好生活的動力。

提案5

# 吧檯——調配飲品、小酌的迷你特區

**這個區域是喜歡把家變身成咖啡館的人務必要參考的，吧檯與廚房明確隔開，這樣在製作飲品時才不會跟廚房的工作互相干擾。**

少了油煙與各種生食，相對容易清潔。

區域不用大，家裡有這兒可以專門調製飲品，無論是烹煮咖啡或沏茶，或是深夜變身調酒的專區，格外放鬆，特別有儀式感。

不想煮食的時候，在這兒準備小點心或只是倒杯現成的飲品也很放鬆，即便只是站著放空思緒，都會覺得有個喘息的小小區域是很幸福的事。

提案 **6**

# 廚房——供給每日健康餐食的心臟 / 推薦烹飪器具

「全世界我最喜歡的地方就是廚房」我常這麼想。

20 多歲還未成家，閱讀吉本芭娜娜的《廚房》時，我的心因文字而深深獲得療癒，即便那時不諳廚務，心底的嚮往仍一路滋長。

直到擁有按照自己心意打造的廚房，有了很棒的一個施展空間讓我可以盡情製作各種美味又健康的餐點，我在和家人交流每一天的情感變化中，滿足了自己的想望也帶給全家人幸福，對廚房有了更深一層的愛。

吃能帶給人原始的幸福感，也是最快讓人融洽情感、消除隔閡的；是生命基本需求，也是增進交流不可缺乏。

我常這麼想：「既然都要自己動手，當然要煮健康又好吃的食物。」

正因為這個信念，打造出設備齊全、方便製作各種美食的空間。對熱愛下廚的人來說，這不自是當然嗎？我就要這樣的廚房—踏進裡頭動力便開始源源不絕。

是的，**我覺得廚房就像家的心臟，推動著養分供給，讓我們有很好的循環跟活力**。所以啊，廚房真的很重要呢。

我知道我真正需要的是什麼樣的廚房，這都是來自經常使用的經驗—我很自信。

KEY TITLE

# 夢幻咖啡館的家 Yes & NO

然而，一個開放式的廚房**不只是夢想，實用度是非常重要的。**

除了收納，一般人對開放式廚房最在意的就是油煙排放問題。選擇跟 IH 爐爐寬相近、高速抽取馬力的抽油煙機非常重要，料理過程以及料理後都要記得開啟機器，最好敞開窗戶讓空氣流通，減少對吸入不健康氣體或到處殘留氣味的擔心。

## NO！盡量不在備料檯跟水槽放置多餘物品

烹飪的過程難免有各種食材跟調理器具要擺放、清洗整理，如果檯面

上有太多物件只是徒增混亂。檯面會建議選擇堅硬且不易染色的材質，**不鏽鋼**或是**石英石**是比較推薦的。

　　**我的中島工作檯是白色的高硬度石英石，不易被有色蔬果汁或咖啡紅酒等染色也不易被硬器或刀具刮傷，十分好清理**。花費預算偏高，但對於使用量大的我而言是值得的，一般需要長久使用的，依據自己的需求，一定是經久耐用最重要。

　　爐具我選 IH(Induction Heating/ 誘導加熱 ) 爐跟傳統的瓦斯爐二合一，一個原因是怕停電時無法烹調，另外是因為工作上常會做料理教學，對於不同爐具的火力控制都必須更熟悉，所以採用了這樣的爐具，一般只要依據自己最常使用的做單一選擇即可。

## YES！廚房水槽一定要大

材質不必花俏高貴，好清又耐用很重要，但我更在意的一直是：水槽大小。常煮食的家庭，連續出菜的時候要清洗的食材、會使用到的鍋具跟器具數量都是偏高的，如果水槽空間不夠，這些前置作業和事後清理都會增高不便性。我很在意水槽一定要大，也是源自多年料理的經驗，相信常下廚的人都有相同的感想。

另外，如果空間足夠，**極力推薦大家洗碗機跟烘碗機這兩個設備同時考慮，若預算跟空間有限，可以僅考慮洗碗機就夠了**。時常煮食的家庭，若老是餐後費時清洗各種鍋碗瓢盆，身心的勞累積久了可是會大大影響下廚意願，甚至會覺得做任何食物都是一種苦差事呢。

烹飪會常用到的調理器具**最好放置在距離爐具與備料檯靠近的地方**，容易拿取跟歸位，這樣是最順手的。這部份我請廚具公司將其規劃於爐具下的抽屜，轉身的電器櫃下方也做了抽屜，要使用就能立刻取出調理器具，平時也不會招致灰塵沾染，收納起來特別整齊清朗。

廚房設備只需要依主要的生活需求做選擇，熱愛咖啡館風格餐點的話，再慢慢考慮變化花樣的多功能烤爐或可以製作可愛造型的廚房家電（像是：鬆餅機、熱壓吐司機）。

## 「需要」擺第一，「想要」多思考。

怦然心動到不可自拔，需要一點刺激跟變化燃放創意的時候，偶爾不妨順從自己的渴望，讓日子多姿多采、充滿趣味。

一座咖啡館的廚房，就像上了翅膀般翱翔，創意跟自由度無限延伸。我要在這兒創造一份又一份餘韻無窮的餐點，當個最快樂的自家專屬料理家！

# 推薦烹飪器具

## Cooking Utensils Are Recommended.

## ▌常用鍋具

### 不沾鍋

炒鍋跟平底鍋是使用頻率最高的廚房
基本配備。汆燙食材、炸物、快炒肉
類與蔬菜，或是烹煮義大利麵都十分
方便。因為使用頻繁的關係，我偏好
不沾塗層嚴密厚實且安全耐用的不沾
鍋，鍋身不沉重，好取用、易清潔很
重要。

・ Remy pan plus(24cm)

### 琺瑯鑄鐵鍋及烤盤

煎烤食材想呈現漂亮的烤色，例如煎
牛排、雞排、干貝等，或是製作不加
一滴水的燉物、燉滷食物，封存美味
精華，鑄鐵鍋絕對是大幫手。具有經
久耐用、不易生鏽的優點。

・ Staub 松露白雪花鍋 (24cm)
・ Staub 琺瑯鑄鐵雙耳橢圓烤盤 (24cm)
・ Le Creuset 琺瑯鑄鐵橢圓鍋 (25cm)

## ▌美與實用兼具的廚房家電

### 水波爐

可以快速備料，也能同時一次出多樣菜，是最吸引的地方。有基本的微波快速加熱，兼具料理時會需要的烤箱與蒸爐的功能合一，烘焙時也有發酵功能輔助。常需要將配菜跟主菜一起做好、同時上桌是極為方便。

--------------------------------

· 夏普 HEALSIO 旗艦水波爐 AX-XP10T

### 調理機

我常在需要打碎香料或大量蒜末、洋蔥末時使用，也常打健康的多穀漿跟綠拿鐵給家人喝。無論是切碎與打成細粉、細緻泥狀都能依據段數輕鬆調整，在打碎食材、製作濃湯或醬汁、健康飲品都有優異的表現。

--------------------------------

· Vitamix A3500i Ascent™
  超跑級調理機

## 蒸汽小烤箱

從好幾年前從日本親自抱回來，沒想到會從夢幻逸品變成不可或缺的依賴。

當早午餐加熱麵包或焗烤，或是復熱食物時，使用這樣體積小加上具有瞬熱功能的小型烤箱，不需預熱，可以拉快許多備餐的速度。具有蒸汽功能的小烤箱能讓食物飽水不乾柴，口感表現提昇，這點對注重的人來說很重要。

· BALMUDA The Toaster K01E

# 調理器物

## 調理匙 / 鍋鏟

為了吃的安心，注重鍋具保護，我的鍋鏟慣用無上漆的原木跟耐高溫的食品級矽膠這兩種材質。設計成能在鍋內撥動食材又能同時舀盛的矽膠調理鏟，因為具有放進洗碗機清洗的優點，讓我忍不住蒐藏好幾只。細長或小型的調理匙，在挖取或刮淨各種麵糊、調味醬時非常方便，也是廚房可以多備幾只的便利工具。

由左至右
· OXO 好好握矽膠刮杓
· Saliu 山櫻木調理匙
· MUJI 無印良品 矽膠調理匙 ( 大 )
· MUJI 無印良品 矽膠果醬匙

## 廚房剪刀

具有蒐集廚房剪刀的興趣，我手邊總共蒐藏約十支。比較推薦廚房使用的是純不鏽鋼材質、可拆卸的款式，在時常接觸油脂或生鮮的環境使用，用過之後無論清潔或消毒都相當方便。

## 調理盤

先將食材逐一清洗、分切，裝盛在調理盤，事先做好備料程序，工作效率不僅大幅提昇，出餐流程也會更順暢。個人比較推薦琺瑯和陶瓷兩種材質的調理盤，不易殘留食材氣味又容易清潔，直接當作烤皿也可以，具備多重用途。

· 鳥部製作所 不鏽鋼可拆卸料理剪刀

由左至右
· 野田琺瑯 白色調理盤
· Staub 長方型陶瓷烤盤
· Falcon 獵鷹琺瑯方形派盤 5 件組

## ▍其他配件

### 蔬菜脫水器

洗滌生菜跟各種香草的機率高,多年前找到這款蔬果瀝水器覺得十分好用,一直沿用至今。生菜脫水的速度快,菜葉具有濕度卻不落水滴,口感爽脆可口。

### 熱壓吐司機

早午餐或點心時刻使用,尤其適合喜歡麵包外表熱燙並具有酥酥烙紋、夾餡量多多三明治的人。注重瘦身的族群,吐司夾滿高纖蔬菜、高蛋白質等食材後熱壓,只吃半個就很有飽足感,尤其適合減醣人製作早餐用。

· OXO 按壓式蔬菜脫水器

· Vitantonio 厚燒熱壓三明治機

提案 **7**

# 壁櫥／工作櫃——審慎規劃收納

我對收納空間既愛又怕！

每個人總希望家裡的收納完美，各種物件都能物歸所屬的家。但是呢，收納不足、不夠方便，櫃體架子設置太多又覺得壓迫感很重，到底怎麼精準地依據居家需求做出最理想的歸納？

這並不容易。

對居家親自規劃或擁有長時間的使用經驗，才能清楚自己真正的需求。**可以依據過去的使用習慣，先簡單思考大致的分配，然後再慢慢增減。**

我的初步分配是：整個無隔間的一樓空間，主要的櫃體分成餐廳、咖啡吧台跟廚房。

- **餐廳——**

　　請木工手工製作延伸至天花板的木質書櫃，上半部鏤空，主要擺放書籍與咖啡和茶相關的器具、收藏品，下半部是可遮蔽門片的收納櫃，平時不常用的物品和備品都可以隱身其中，充份將環境中想體現主人性格的興趣都展示在這一區。

### · 咖啡吧台——

　　運用了房屋結構的樑柱規劃出手沖咖啡吧檯，在柱子上也做了充份的空間使用。選擇和原始老木色澤相近的胡桃木層板，另外尋找適合的黃銅支架，在柱面釘上兩排層架，可以擺放常用的陶瓷杯與咖啡器具，也能將新鮮的豆子擺置其上，讓氛圍凝聚更深厚的感覺，專心想在這兒現煮一杯好咖啡。

　　沿著咖啡機和洗手檯的拉長型工作吧台，上方擺放時常會使用的各種烹煮咖啡機器、磨豆機、電煮壺、蒸汽小烤箱、各種沖調小物及瀝水

籃等等，集中擺放男主人韋德會常用到的各種物件。另一端則擺放女主
人（我）的烘焙專用攪拌機、麵包機，屬於會用到但不會天天用的烘焙
小空間。

　　檯面底下是大量的收納櫃，裡頭除了不常用到的器物跟補充品、清潔
用品外，擺放了大量的杯子、壺具，以及女主人常會使用的廚房餐具、鍋
具。

## · 廚房——

廚房有兩排收納，中島這一排因為在工作檯面下安裝了洗碗機和烘碗機，旁邊的收納櫃擺置了各種洗滌碗盤和工作區域的清潔品，側拉櫃內全是調味用品，接近 IH 爐的收納櫃則放置隨時可取用的烹調器具和盤子、鍋具等，完全按照空間需要收納。

廚房壁面這一排以廚房家電跟調理器具、餐具收納為主，經常會使用的一定要擺放檯面上，常溫食品跟調味料都放在側拉櫃內。**將使用頻率低的器具分門別類，越少用的擺放在越高的櫃子內。**

提案 **8**

# 親子休閒區——
# 自由運用、空間務必留一片白

　　咖啡吧檯旁除了擺置飲品與輕食儲存的冰箱，與玄關之間的區域，特別留了一小塊緩衝區，不擺放任何多餘的物品，讓視覺獲得解放。

　　可以讓孩子在這裡練習學校教的體操跟舞蹈動作，也可以臨時擺放剛採買回家的各種居家用品，等拆好包裝跟清理後再帶進屋內歸納。

　　平時保持清空，我認為對思緒沉澱和放緩步調都有益處。

　　「需要的時候隨時可以運用」這裡就是這樣的所在。

# 轉角可見的細膩
## Cooking Utensils Are Recommended.

### ▌佈置的那些小心思

居家跟對外營業的咖啡館，在佈置上具有不少區隔。

家庭需要將居住者的生活習慣做第一考量，著重實用與質感同時兼具的優美環境，同時也要顧及清潔的方便性，這麼一來才能讓人身處其中感到愜意放鬆。

### 住在收納籃的書籍雜誌

原本是希望將小皿小鍋做分類，準備了許多收納籃，突發奇想：或許也能將書本雜誌照這樣的模式做整理。捨去傳統書架書擋，採用收納籃的最大好處是：每當要取放書籍或做大掃除，都能整籃取下十分方便。選擇鐵線材質的籃子，擺放在層架上看起來也很美觀，從選書看出主人的興趣偏好。

· studio CLIP 工業風收納置物鐵籃

## 有氣氛的工業燈

具有細膩優雅格調的工業燈，
少了過於粗獷的衝擊感，能更
融洽整體環境。鮮明的風格，
具有燃亮休閒氛圍的衝擊美
感，很適合這樣的主題環境。
吧檯、廚房與餐廳都適宜點
綴，可選擇類似風格但不同款
式的工業燈，設置於不同區
域。

· 後藤照明金屬製吊燈

## 兩個水槽

將廚房中島與咖啡烹煮區的水槽分開，是我與先生共同討論做的決定。這是根據
過去同時間一起準備餐飲的長年經驗，同時準備若共用一個工作區和水槽會產生
諸多不便，因此在裝潢前就先設定了這兩區都要各設一個水槽。中島水槽大，可
以即時清洗各種大型鍋具及砧板；咖啡烹煮區的水槽尺寸小，因為常清洗的是飲
品相關的器具跟杯子。特別依照使用需求做了這樣的區隔設置，果然能讓工作時
的效率與心情都大大提振。

## 與孩子互動 & 獨處皆宜的中島前長型木桌

一般的廚房中島若加設延伸的區域，常常是與餐桌合併，在中島前方與牆面的窗前延伸出 L 型的木質書桌是比較罕見的設計。當孩子放學後寫功課時或繪畫、閱讀時可坐在這一區，下廚的我可以一邊烹飪一邊和孩子互動，聆聽她們在學校的點滴，課業也能即時指導。當自己一個人想稍做放鬆時，可以在這兒備點小菜小酌或只是放空、滑滑手機，甚至坐下來折菜、插花，和孩子一起串珠、捏黏土或吃點下午茶都可以，這裡創造了許多親蜜美好的時刻。

## 餐具器皿的選擇

　　喜歡在家做料理的人，通常都很癡迷蒐羅杯杯盤盤，擺盤能讓用餐的踏實感與幸福感齊同燃放。精選我心目中耐看又耐用的優質餐具，中西餐式都適宜。很好取用又美觀，使用時有著格外安心的感覺，心底時常暗自感謝著這些餐具的陪伴，

### 餐盤

時常使用的經驗累積，常用的個人圓餐盤是直徑 21~22 公分最萬用、深型餐盤約容量在 500~600ml 左右較適宜。咖啡館風格的餐點，和健康飲食著重的搭配 ( 如減醣飲食 )，皆比較適合用這樣尺寸的餐盤去組合搭配。依據自己的喜好選擇會讓用餐心情特別好，像我自己很喜愛簡約素色的百搭款，能充份襯托出菜色的美味。

· STUDIO M' Lakker 盤 (22cm)
· STUDIO M' Madurai 橢圓咖哩碗 (24cm/600ml)

## 碗

為家人準備常用的中型尺寸萬用碗、
小型尺寸飯碗各一套,與餐盤搭配、
一同組合餐點的時候,可以在小菜、
沙拉、湯品跟米飯之間做各種份量的
選用。例如:主餐盤搭配了各種菜式,
有湯汁的小菜或生菜可以另外以碗盛
裝,盡量一人份使用一個餐盤搭配一
個碗。採用的餐具不複雜多樣,能讓
食用時的心情放鬆,清理方面也很容
易。

・KINTO HIBI 飯碗
・KINTO CERAMIC LAB 餐碗 / 沙拉碗

## 刀叉湯匙與筷子

氣質閑雅怎麼搭配都好看的餐具,米
色或白色都是適合居家的色系。材質
最好是放入洗碗機清洗也沒問題,可
以長期使用。將大人與兒童的餐具尺
寸分開,用餐時會更適切安心。

・Cutipol MIO 系列 主餐三件組 ( 主
餐刀叉匙 )& 健康愉筷 不鏽鋼筷子
・Cutipol ALICE 霧面不銹鋼 16cm 刀
叉匙 3 件組

## 水杯

耐高溫材質，飲水、蔬果汁、小酌等
多用途皆宜的玻璃水杯，是特別推薦
參考的居家通用款式。

· TG 耐熱玻璃紅酒杯 370ml

## 咖啡杯 & 馬克杯

附有盛接盤的咖啡杯，陶瓷或骨瓷材
質的保溫性及易潔性都是較佳的選
擇，無論是飲用單品咖啡或茶飲都能
使用。喜好大容量的飲品或做口味變
化，例如拿鐵咖啡或各種調飲，較推
薦厚實材質的寬型馬克杯。

· STUDIO M' Good ol' 杯 (210ml)
· KINTO SCS 馬克杯 (400ml)

篇章三

# 美味沒話說的
# __居家咖啡風菜單

HOME
COFFEE
MENU

# 我家健康的飲食理念

　　**減去食物中過多的醣份和脂肪，多吃原型食物、減少化學添加物，**已經成為這些年盛行的健康飲食指標。

　　這是我們家主要的飲食模式，加上熱愛咖啡氛圍，逐漸融合成獨一無二的**「減醣咖啡館」**。家人生活在這樣的飲食環境，已經從健康觀念的培養升級成習以為常。耳濡目染之下，孩子們還會同心協力製作全家人的減醣套餐。

　　「健康」是擁有好生活最基本的條件，看來我的堅持沒有白費，已然深植家人的心。

**必備的調味品**

### 食用鹽

鹽是最常用的基本調味料，食材本身優質新鮮，提昇食物滋味只需要少許的鹹味。

衛生福利部建議，成人每日食鹽的總攝取量不宜超過 6 公克。建議可選擇含有碘、礦物質的低鈉鹽，可於不同料理輪換搭配海鹽、岩鹽或香料鹽，讓居家料理更多變化。

### 椰糖

又稱「椰花蜜糖」，由天然椰子花水萃取出，沒有經過繁瑣加工，比精製砂糖保留更多的營養素與豐富礦物質。吃起來近似黃砂糖，沒有椰子味，甜度高，但是尾韻的焦糖味多一些，使用份量跟一般砂糖近似。

**重量每 1g 的熱量約為 3.8 大卡，升糖指數 (GI 值) 只有 35( 小於 55 就是低 GI 食物 )，砂糖的升糖指數是 100，椰糖僅是砂糖的 1/3。低升糖的椰糖能使胰島素的分泌較趨緩，可減少熱量產生和脂肪形成。**

衛生福利部建議，「每日飲食中，添加糖攝取量不宜超過總熱量的 10%」。精緻糖的養份少、空熱量多，攝取過多不只容易造成肥胖也容易導致身體發炎病變，因此這些年，盡量不食用精緻糖的減醣成為大家重視的飲食模式。

以椰糖取代精緻糖，在家常菜色跟烘焙上都最接近加砂糖的風味展現，容易製作成功。

### 對健康與代謝有益的好油

飲食中加一點適當的油脂，尤其是來自**不飽和脂肪酸的植物性食用油，對於身體細胞與皮膚的健康都是必需，也能提昇食欲和飽足感。**

許多食物本身就含有油脂，例如減醣飲食常會食用的魚類海鮮、雞肉、堅果等含油較豐富的食材。額外於烹飪時添加的油，可以選擇橄欖油、酪梨油、胡麻油、印加果油等交替使用，健康飲食會用到的油脂並不高，選擇小份量的包裝，**以優質果實低溫榨取、耐高溫的食用油最安全放心。**

## 胡椒

胡椒漿果採收後乾燥製成，**白胡椒的味道比較清淡微辛，適合白肉或海鮮；黑胡椒的風味較嗆辣鮮明，適合與紅肉或口味較重的料理做搭配。** 兩種香氣不同，建議皆可常備，烹調時適度加入具有去腥提味的效果。

我習慣食物料理好之後才灑上，避免高溫持續烹煮讓味道轉苦。

## 番茄醬

對於需要茄汁表現或強調番茄風味的料理，全部使用新鮮番茄容易味道不足，建議選擇無或少添加的番茄醬適量融合，居家用量不高的話可採用小包裝，開封後沒用完建議放冰箱冷藏保存。

## 乾燥天然香草

天然乾燥的香草是在家烹調常會使用的香料，無論注重減醣或是原型食物都會建議至少常備一至兩款。熱愛咖啡館風格餐點的情況下，製作西式或異國料理的機率多，以天然香草提香具有加分效果，十分推薦。

洋香菜（又稱香芹粉）、羅勒、義式綜合香草（裡頭常見的有薄荷、奧勒岡葉、迷迭香、百里香或洋香菜等等）這三種乾燥的香草是我多年料理上使用率最高的。使用不完密封後建議放冰箱冷藏，可保持味道跟鮮度，購買小份量在保存上也容易管控。

# 小食／手作醬　多吃蔬菜就對了

　　蔬菜具有多種營養素、維他命，更含有豐富的膳食纖維。減醣飲食常鼓勵大家提昇蔬菜的比例與多樣性，降低容易致使血糖竄升、空熱量高的澱粉與脂肪攝取量，就是因為蔬菜擁有許多補給養份又能促進消化、充盈飽足感。

　　自從減醣後，我非常注重餐食內一定要常增加蔬菜的種類跟比例，正是基於這樣的原因。

# 生菜居家處理 & 清洗保存

生菜的營養價值、維生素、膳食纖維等含量都比加熱後更多，對減少脂肪的幫助更好，但腸胃比較弱的人會建議少吃！

但是一般對生食的疑慮多，擔心農藥殘留或寄生蟲感染而不敢吃，建議食用上務必仔細挑選，以無施用農藥跟通過細菌、寄生蟲檢驗的種類為優先選擇，為了家人會更注重這些。

## 吃不膩綠沙拉

選擇喜好的生食級葉菜 ( 如常見的萵苣、蘿蔓、紅 / 綠火焰或芝麻葉等 )，先快速使用自來水淘洗，去除根蒂，再使用過濾水及冷開水分別各浸洗一次，採用蔬果瀝水器或廚房紙巾大量排除水份，撕成適口大小即可享用。

新鮮的生菜經過以上清洗步驟及瀝水後，可密封保存於冰箱冷藏兩日，趁新鮮吃完，口感與營養最佳。

基礎沙拉醬三款（吃不膩綠沙拉 / 基礎沙拉醬三款）

# 一般油醋、減醣油醋、無蛋美奶滋

## 一、經典必吃不膩的美味油醋

### 材料 *Material*

- 橄欖油　　　　　3 大匙
- 巴薩米克醋　　　1 小匙
- 蜂蜜　　　　　　2 小匙
- 海鹽　　　　　　2 小撮

### 做法 *Step*

將以上材料充份混合，適量澆於生菜食用，其中醋跟蜂蜜可換成自己喜歡的口味。

---

**書中計量單位**

1 大匙 = 15ml

1 小匙 = 5ml

## 二、減醣健康版油醋

### 🌑 材料 *Material*

- 橄欖油　　　　　　　2 大匙
- 檸檬汁　　　　　　　2 小匙
- 椰糖或赤藻醣醇　　　2 小匙
- 海鹽　　　　　　　　2 小撮

### 🌑 做法 *Step*

以上材料攪拌均勻後，淋在沙拉
或沾食食用。

## 三、無蛋美奶滋

### 🌑 材料 *Material*

- 太白胡麻油　　　　　　50g
- 無糖豆漿　　　　　　　40g
- 檸檬汁　　　　　　　　5g
- 椰糖　　　　　　　　　12g
- 海鹽　　　　　　　　　1g

### 🌑 做法 *Step*

除了油之外，其他材料先加進
食物攪拌棒附的容器內，先以
低速大致攪拌，調整成高速攪
打數秒，接著倒入油，快速打發
15~20 秒，可做為沙拉沾醬也可
做為麵包之抹醬，密封冷藏可保
存五至七天。

( KEY TITLE )

# 溫沙拉的美味基本款

溫沙拉是指加熱過的蔬菜，一般以蒸或烤的做法為主。適合蒸熟後沾醬汁或是加少許好油跟調味料後烘烤，簡單調理即能享用食物的原味。

## 🫘 材料 *Material*

- 櫛瓜　　　　　　1 根
- 紅甜椒　　　　　1 顆
- 黃甜椒　　　　　1 顆
- 鴻喜菇　　　　　100g
- 橄欖油　　　　　1 小匙
- 義式綜合香草　　適量

## 🫘 做法 *Step*

將蔬菜洗淨切成適口尺寸，放入攪拌盆，加入橄欖油及綜合香草，充分混拌均勻，鋪上烤盤後放入烤箱，設定 170°C 烤 10~15 分鐘。也可以加入一些高蛋白質的食材（如熟豆、海鮮或肉類）與原型澱粉（如地瓜、南瓜或馬鈴薯）一起烤，變化相當多。

# 萬用番茄乾

## 乾燥小番茄

居家的使用率很高，趁產季大量低溫烘烤，放冰箱冷藏可存放約三個月。是讓料理自然美味、毋需加一堆化學調味的秘密武器。

🫘 材料 *Material*

● 小番茄　　　　600g

🫘 做法 *Step*

1 —— 清洗小番茄，建議洗水果可以加一匙食用級的小蘇打粉，一起浸泡後輕輕搓洗水果表面，再以清水洗淨，去除蒂葉。

2 —— 小蕃茄瀝乾水份，可以靜置一段時間後等表面水氣空氣蒸發，或用乾布 / 廚房紙巾將表面水份吸乾。

3 —— 將每顆小蕃茄沿著蒂部逐一剖切開來，放上烤網，使用食物烘乾機或是可以調溫度的烤箱，設定 60°C、16~18 小時進行低溫烘烤。

**小叮嚀** 烘好之後覺得中心籽的部份有點濕軟就要再繼續烘，若不確定烤好的效果是否是自己滿意的，可以先設定基本時數，不夠再延長一些時間即可。

# 檸檬番茄香蒜蝦

### 材料 *Material*

- 白蝦或草蝦蝦仁 250g
- 小番茄乾　　　 10 個
- 大蒜　　　　　 10 瓣
- 乾辣椒　　　　 1 根
- 香菜　　　　　 1 束
- 檸檬汁　　　 1 小匙

- 檸檬角　　　　 1 塊
- 海鹽　　　　 1 小匙
- 白胡椒粉　　　 少許
- 黑胡椒粉　　　 少許
- 橄欖油　　　 200ml

### 做法 *Step*

1 —— 取一半份量的橄欖油，加進番茄乾跟大蒜切片，室溫下油漬。蝦仁表面水份吸乾，加入檸檬汁、少許海鹽、白胡椒粉拌勻，醃漬 10 分鐘備用。

2 —— 上一步驟含有番茄乾和大蒜片的橄欖油全倒入鑄鐵鍋內，轉小火焗 5 分鐘，中途記得要拌炒，接著放進蝦仁，轉中火，兩面各煎一分鐘。

3 —— 倒入剩下的橄欖油、鹽跟切碎的乾辣椒，煮到油滾了立即熄火，上桌前灑上黑胡椒、切碎的香菜，附上檸檬角即可享用。

# 番茄乾清炒義大利麵

## ◗ 材料 *Material*

- 小番茄乾　　　15 個
- 大蒜　　　　　3 瓣
- 義大利麵（長麵）80g
- 水　　　　　　1000ml
- 海鹽　　　　　適量
- 橄欖油　　　　適量
- 雞高湯　　　　適量
- 黑胡椒粉　　　少許
- 乾燥香芹粉　　少許

## ◗ 做法 *Step*

1 —— 大蒜切成末，與小番茄乾一同放入調理碗內，加兩
　　　大匙橄欖油先油漬 15 分鐘備用。

2 —— 湯鍋內加入水跟 1 大匙海鹽，水滾後放入義大利麵；
　　　另取一平底鍋，將步驟 1 的材料放入鍋內，小火煸
　　　炒。煮義大利麵的湯鍋，請參考麵條包裝指示的時
　　　間，煮至建議的一半時間就先夾出麵條，放進平底
　　　鍋。

3 —— 平底鍋轉中大火力，邊炒邊加適量的高湯、1/2 小
　　　匙海鹽，直到高湯吸入義大利麵，才再加下一匙高
　　　湯，直至義大利麵煮軟、高湯吸收差不多就停止加
　　　湯，最後灑上少許黑胡椒與香芹粉，盛盤上桌。

# 番茄豬肉燉菜

## 材料 *Material*

| | | | |
|---|---|---|---|
| • 豬腱肉 | 400g | • 橄欖油 | 1 大匙 |
| • 番茄 | 2 顆 | • 無鹽奶油 | 10g |
| • 洋蔥 | 1 顆 | • 番茄泥 | 500g |
| • 胡蘿蔔 | 1 根 | • 椰糖 | 2 小匙 |
| • 西洋芹 | 2 根 | • 乾燥香芹粉 | 1 小匙 |
| • 青花椰菜 | 1 顆 | • 月桂葉 | 2 片 |
| • 馬鈴薯 | 2 顆 | • 韓式辣椒粉 | 1 小匙 |
| • 大蒜 | 2 瓣 | • 醬油 | 2 大匙 |
| • 小番茄乾 | 10 個 | • 海鹽 | 1 小匙 |
| • 水 | 800ml | | |

## 做法 *Step*

1 —— 先備料，洋蔥切成小丁狀、馬鈴薯削皮切滾刀塊、青花菜和西洋芹切成小段，胡蘿蔔削皮切小丁狀、番茄切成小塊、蒜切碎或壓成泥、腱子肉切成大塊狀。

＊想要番茄的口感更好，也可以先在番茄外表劃十字先放入滾水煮一下撈起去皮再切。

2 —— 在炒鍋或鑄鐵鍋內加一大匙橄欖油，再加入奶油，中小火將洋蔥炒至半透明狀，再放進豬腱肉和蒜末拌炒，肉塊要炒到表面反白即可。

3 —— 加入胡蘿蔔丁、香芹粉拌炒。接著放入番茄、馬鈴薯，再倒入番茄泥、糖，放月桂葉、韓式辣椒粉、醬油、鹽、水和小番茄乾，中火煮滾後，轉小火，蓋上蓋子燉 40 分鐘。

4 —— 打開鍋蓋，轉中火，最後放入青花菜和西洋芹，滾煮 5 分鐘，完成！

# 香濃大蒜奶油

自己做的大蒜奶油，香濃可口、沒有化學添加，可以時常製作後盛裝在分格盒內密封冷凍，製作料理或烘焙時，只要解凍小份量，很快就能烹調時使用。

### 材料 *Material*

- 無鹽奶油　　　125g
- 起司粉　　　　20g
- 大蒜　　　　　5 瓣
- 海鹽　　　　　2g
- 椰糖或赤藻醣醇　3g
- 乾燥香芹粉　　適量

### 做法 *Step*

1 —— 大蒜切成細末狀，奶油室溫軟化，全部的材料一起放進調理盆。

2 —— 用打蛋器或是抹刀，將所有食材攪拌均勻。

3 —— 香蒜奶油盛起至可密封的容器內，冰箱冷藏可保存一週，冷凍可保存兩個月。

# 香蒜烤吐司

### 材料 *Material*

- 大蒜奶油　　適量
- 生吐司　　　適量

### 做法 *Step*

將吐司抹上自製的大蒜奶油後，切成長條狀，放入烤箱烘烤，150°C、3 分鐘後取出盛盤。

＊生吐司可參考本書 146 頁的「軟綿豆漿生吐司」食譜自製。

# 蒜味奶油鮭魚

🫘 材料 *Material*

- 輪切鮭魚　　　　　一片
- 大蒜奶油　　　　　10g
- 鹽　　　　　　　　少許
- 義式綜合香草　　　少許

🫘 做法 *Step*

1 —— 鮭魚兩面灑上少許鹽抹開，室溫靜置 15 分鐘。

2 —— 醃漬好之後，以廚房紙巾將魚肉表面吸乾，將室溫
　　　下軟化的大蒜奶油塗抹在魚肉上。

3 —— 烤盤上鋪烘焙紙，鮭魚排擺上，放入烤箱上層、以
　　　180°C 烘烤 12~15 分鐘，出爐擺盤，灑上義式綜
　　　合香草，完成。

# 家常蒜烤格紋牛排

**◗ 材料** *Material*

- 紐約克牛排　　　一片（厚度約為 2.5 公分 ~3 公分）
- 蒜泥或大蒜粉　　5g　　●鹽　　　　　　適量
- 大蒜奶油　　　　10g　　●黑胡椒粉　　　少許
- 橄欖油　　　　　少許　　●洋香菜粉　　　少許

**◗ 做法** *Step*

1 —— 恢復常溫的牛排，以廚房紙巾吸乾表面後，兩面各
　　　抹上一層蒜泥（或大蒜粉），灑上一層薄薄的食用
　　　鹽，將具有直線凹凸紋路的烤盤抹少許橄欖油以大
　　　火熱鍋，擺入牛排。

2 —— 兩面各煎 1 分鐘 30 秒，煎的時候請用鏟子或是重
　　　物輔助，壓在牛排上加壓，烤出直線的烙紋，熄火。

3 —— 牛排取起，夾到網架上靜置 5~6 分鐘。

4 —— 牛排放回鍋內，大火熱鍋，兩面各煎 30 秒（留意
　　　擺入時換個方向就能烤出格紋）、側邊各煎 15 秒。
　　　盛盤後在牛排中央擺上大蒜奶油，灑少許黑胡椒和
　　　洋香菜粉，完成。

# 酪梨油青醬

　　香氣會讓人產生愉悅感的青醬源自義大利的香蒜醬，傳統的做法是以羅勒葉、油漬鯷魚、松子、起司粉等製作，由於這些食材日常不易取得，建議居家的做法可採用類似但更健康爽口的方式製作。

　　自己做的青醬非常適合當早餐三明治的抹醬，或是佐炙烤雞肉、烤蔬菜或海鮮的提味沾醬，甚至在蔬菜湯燉好後加入一匙，那曼妙又帶點刺激的香氣，令人精神振奮啊。

做法也可以多嘗試變化，將我食譜中的九層塔換成新鮮薄荷或是青蔥，油的部份可交替選擇優質的橄欖油或酪梨油，嚐試變化不一樣的「青醬」，當調味與食物激蹦美妙的滋味，成為全家人都喜愛的比例，就是自製最大的樂趣。

注重原型食物的減醣飲食，加上自製的天然調味尤其適合居家一週的咖啡館風早午餐，青醬更是百搭好朋友，請多運用它創造與家人之間的美味回憶。

● 材料 *Material*

- 九層塔葉子　　25g
- 綜合無調味堅果
　（或松子）　　25g
- 大蒜　　　　　4 瓣
- 起司粉　　　　25g
- 黑胡椒粉　　　少許
- 鹽　　　　　1/4 小匙
- 酪梨油　　　　60ml

● 做法 *Step*

1 ── 將九層塔洗淨，摘下新鮮的葉子後以廚房紙巾吸乾水份，堅果放入平底鍋轉小火煎烤 3 分鐘 ( 或是放進烤箱以 150°C 烘烤 5 分鐘 ) 靜置冷卻備用。

2 ── 大蒜以刀背拍過去皮，與九層塔、堅果、起司粉、黑胡椒、鹽、油一起放入調理機，從低速轉到中速，瞬轉幾下直至打成喜好的泥末程度即完成。

3 ── 裝罐密封後建議冷藏 5 至 7 天內吃完，冷凍可保存兩週。

 青醬與食物一起高溫加熱易流失風味或轉苦，建議抹食或沾佐著吃，或是食物烹調好之後加一些點綴或拌食，味覺表現最佳。

# 培根蛋沙拉三明治

## 材料 *Material*

- 水煮蛋　　　　1 個
- 美奶滋　　　　1 大匙
- 黑胡椒粉　　　少許
- 鹽　　　　　　1 小撮
- 酪梨　　　　　半顆
- 無添加培根　3 ～ 4 片
- 青醬　　　　　1 大匙
- 吐司　　　　　1 片

## 做法 *Step*

1 —— 將水煮蛋以叉子碾碎，拌入美奶滋、黑胡椒粉、鹽
　　　拌成蛋沙拉備用。

2 —— 平底鍋不用放油，中火快速煎熟培根，培根邊緣微
　　　焦、保持柔嫩口感。

3 —— 在吐司上抹上青醬，依序鋪上培根、切片酪梨和蛋
　　　沙拉，完成。

 小叮嚀　美奶滋、無添加培根、吐司可選擇市售，時間
充裕的時候，也可參考 056 頁的無蛋美奶滋、
114 頁的無添加培根、146 頁的軟綿豆漿生吐
司自製。

# 酥煎白肉魚

## 材料 *Material*

- 鬼頭刀魚（或鯛魚片）　　250g
- 青醬　　　　　　　　　1 大匙
- 鹽　　　　　　　　　　少許
- 橄欖油　　　　　　　　少許
- 松露橄欖油　　　　　　少許

## 做法 *Step*

1 —— 魚片兩面灑上少許鹽抹勻醃漬 15 分鐘，平底鍋內
　　　抹少許橄欖油，熱鍋後，將魚片以廚房紙巾吸乾表
　　　面液體，下鍋以中小火將兩面煎到金黃帶酥，煎的
　　　過程約 6~8 分鐘。

2 —— 盤面抹上 1 大匙青醬，將煎好的魚排擺上，淋少許
　　　松露橄欖油提味，完成。

 魚肉醃漬好之後也可以放入烤箱上層 180℃、
　　　烤 15 分鐘。

# 烤時蔬佐青醬

## 材料 *Material*

- 新鮮香菇　　　4 朵
- 杏鮑菇　　　　1 根
- 茄子　　　　　1 根
- 洋蔥　　　　　半個
- 紅色甜椒　　　1 個
- 青醬　　　　　適量
- 橄欖油　　　　少許

## 做法 *Step*

1 —— 將新鮮香菇切除硬梗後對切成片，杏鮑菇直剖成約
　　　1 公分的厚片，茄子切段後再對切成直片狀、甜椒
　　　去籽、去蒂後切成片狀，洋蔥切成厚片備用。

2 —— 平底鍋內抹少許油後，中火熱鍋，接著將蔬菜逐一
　　　擺入煎至兩面至熟帶有金黃色，起鍋前在煎烤好的
　　　蔬菜上以刷子將青醬塗上，熄火盛盤，完成。

 也可將蔬菜先放入調理盆，倒少許油後混拌
均勻，再將蔬菜平鋪於烤盤，放入烤箱上層，
170℃、烤 10~12 分鐘。

# 基礎美味紅醬

紅醬就是以番茄為基底的基本醬料，居家的做法很適合以季節盛產的大番茄製作，跟一般市售的滋味不太一樣，自製顯得格外新鮮爽口。

製作前記得先將盛裝的容器準備好，充份烘乾或消毒的玻璃罐尤佳。製作好後可冷藏存放一至兩週，冷凍則是一個月。

基礎紅醬用來拌麵 ( 蔬菜麵或是義大利麵皆可 )、炒時蔬、燉物，或是和各種原型食物做搭配都百搭又美味，是一個很適合常備的調味醬。

### 材料 Material

- 番茄　　　　　6 顆
- 洋蔥　　　　1/2 顆
- 大蒜　　　　　2 瓣
- 義式綜合香草　少許
- 月桂葉　　　　1 片
- 橄欖油　　　1 大匙
- 鹽　　　　　1 小匙

### 做法 Step

1 —— 將番茄與洋蔥洗淨切塊，放入果汁機 ( 或調理機 ) 打碎。

2 —— 在炒鍋內倒入橄欖油，放入切碎的蒜末先以小火煸香，接著放入步驟 1 打碎的番茄洋蔥泥，轉中火，沸騰後轉小火，灑入鹽、月桂葉、義式綜合香草。

3 —— 熄火，將醬汁裝入罐內後密封，等冷卻即可冷藏或冷凍保存。

 推薦使用深型陶鍋燉煮，風味佳，也不易遇熱噴濺四週。

# 拌櫛瓜麵

## 材料 *Material*

- 櫛瓜　　　　　2 根
- 大蒜　　　　　2 瓣
- 基礎美味紅醬　2 大匙
- 番茄醬　　　　1 大匙
- 無鹽雞高湯　　2 大匙
- 橄欖油　　　　1 大匙
- 鹽　　　　　　少許
- 黑胡椒粉　　　少許

## 做法 *Step*

1 —— 櫛瓜洗淨後，以水果削刀削成長條薄片；大蒜一瓣
　　　切片、一瓣切成末狀備用。
2 —— 在平底鍋內倒入油和蒜片，轉小火煸至蒜的周圍略
　　　呈金黃色，接著加入紅醬、番茄醬、高湯拌炒均勻，
　　　醬汁煮滾後，放進櫛瓜片，轉中火，快速將醬汁與
　　　櫛瓜片拌勻。
3 —— 灑少許鹽和黑胡椒粉略拌，熄火後盛盤，完成。

 小叮嚀　雞高湯可參考 160 頁自製。

# 番茄南瓜盅

## 材料 *Material*

- 南瓜　　　　　　　　200g
- 基礎紅醬　　　　　　2 大匙
- 莫札瑞拉 (mozzarella)
  起司絲　　　　　　　2 大匙
- 起司粉　　　　　　　少許
- 義大利綜合香草　　　少許

## 做法 *Step*

1 —— 南瓜去皮切塊,以電鍋或中強度之微波加熱至熟透,
　　　趁熱搗成泥狀,加入紅醬拌勻。

2 —— 取兩個小烤盅,將步驟 1 之南瓜泥平均分裝進盅內,
　　　各灑上 1 大匙起司絲和少許起司粉。

3 —— 烤箱以 170°C 預熱,烤盅放入烤箱之中層,烘烤 6~8
　　　分鐘,烤好取出,灑上少許義大利綜合香草,完成。

# 歐姆蛋

## 材料 *Material*

- 雞蛋　　　　　2 個
- 無糖杏仁奶　2 大匙
- 基礎紅醬　　2 大匙
- 鹽　　　　1/4 小匙
- 黑胡椒粉　　　少許
- 洋香菜粉　　　少許
- 無鹽奶油　　　10g

## 做法 *Step*

1 —— 室溫雞蛋打進調理碗內，加入杏仁奶、鹽充份攪拌均勻，另外取小鍋子裝盛基礎紅醬，並以小火加熱（或是以低強度的微波加熱 1~2 分鐘）。

2 —— 不沾平底鍋以中火熱鍋 1 分鐘，奶油放入，油一融化立即倒入蛋液、搖晃鍋子使其鋪平，然後快速用鏟子在略凝固的蛋液上劃圈，蛋液經加熱後只要呈現半熟狀態就立即熄火，將半熟蛋往鍋面的一側聚攏成橢圓形倒上盤子，淋上加熱好的紅醬、灑點黑胡椒和洋香菜粉即完成。

# 點心百搭紅豆餡

常要製作孩子點心的關係，使用紅豆餡的機會很多。

　　但我做的紅豆點心都是不放精緻糖的，糖在我家的出場機率很低。講糖是慢性毒藥聽來誇大，但精緻糖對身體並無任何好處，除了易導致肥胖、發炎、降低免疫力、肌膚老化......，更嚴重可能會糖上癮(例如好動、注意力無法集中、損害器官、導致脂肪肝或各種慢性疾病)。

　　精緻糖(refined sugar) 並不是來自食物本身的天然糖份，而是以加工方式精製過的「糖」，如冰糖、方糖、砂糖(白砂糖、黃砂糖)、紅糖、黑糖、玉米糖漿等等。

　　自己做無精緻糖的紅豆泥，好處就是避免吃進不好的糖。飲食習慣改成吃紅豆本身的天然醣份和營養，想要帶有甜度建議改加適量低升糖指數的椰糖，一樣好吃、更加健康，這也是親手做的可貴。

### 材料 Material

- 紅豆　　　　300g
- 椰糖　　　　180g
- 鹽　　　　　2 小撮
- 水　　　　　適量

### 快鍋做法 Step

1 —— 先將紅豆洗淨，加進快鍋內，放入略蓋過豆子的水，中火煮滾後轉小火，煮 3 分鐘把澀水濾除，紅豆放回快鍋。

2 —— 在鍋內加進 600ml 過濾水，加上快鍋蓋子，安全鎖扣好，中火煮滾至蓋子上頭的烹飪指示到最高，轉小火，計時 15 分鐘，時間一到就熄火。

3 —— 烹飪指示完全下降(自然洩壓)後，安全鎖鬆開，打開蓋子，放進椰糖、鹽和 250ml 的過濾水後拌勻，蓋好快鍋蓋子、扣上安全鎖。

4 —— 中火煮滾至蓋子上頭的烹飪指示再次升到
　　　最高，轉小火，計時 5 分鐘，時間一到即
　　　熄火。

5 —— 自然洩壓後打開蓋子，此時攪拌一下就煮
　　　好了。做好的紅豆泥，除了當成夾餡也可
　　　加水稀釋為紅豆湯。冷卻後密封冷藏可保
　　　存一週，冷凍存放一個月。

6 —— 希望質地是更細膩的紅豆沙，請用攪拌機
　　　或攪拌棒打成泥狀，拿來做蛋黃酥、銅鑼
　　　燒等更適合。若要包進麵團，建議先在紅
　　　豆泥內拌入室溫融化的無鹽奶油。

# 紅豆粉快速製成紅豆泥的做法

選擇蒸煮熟透、碾製乾燥的無添加純紅豆粉，減少時間、更快捷方便，紅豆粉與開水搭配的基本比例為 1：2。

## 紅豆泥

### ◗ 材料 *Material*

- 紅豆粉　　　　50g
- 椰糖　　　　　50g
- 開水　　　　　125g

### ◗ 做法 *Step*

將蒸紅豆粉、椰糖、水調均勻即完成，適合調製飲品或加入點心。

## 紅豆奶油餡

### ◗ 材料 *Material*

- 紅豆粉　　　　50g
- 椰糖　　　　　50g
- 開水　　　　　125g
- 無鹽奶油　　　15g

### ◗ 做法 *Step*

先將蒸紅豆粉、椰糖、水調均勻，再混合室溫軟化的奶油，充份拌勻即完成，適合做為抹醬或是夾入烘焙食物內。

# 紅豆芝麻植物奶拿鐵

### 材料 *Material*

- 黑芝麻粉　　　　　　10g
- 紅豆泥　　　　　　　30g
- 無糖杏仁奶　　　　150ml

### 做法 *Step*

將自製紅豆泥舀入杯內，另外取一量杯加入杏仁奶與黑芝麻粉攪拌均勻，再倒入杯中與紅豆泥混合即完成。

# 海鹽奶油紅豆麵包

### 材料 *Material*

- 小餐包　　　　　　　4 顆
- 紅豆泥　　　　　　180g
- 含鹽奶油　　　　　　20g

### 做法 *Step*

選擇市售的餐包或是 154 頁的小麥胚芽奶油捲，從麵包體中間剖開。紅豆泥分成四等份，奶油也切割為四塊，每個麵包各抹入一等份的紅豆泥和擺上一塊奶油，輕鬆完成經典的鹽奶油紅豆麵包，當早餐或點心都很適合。

# 紅豆鬆餅燒

## 材料 *Material*

- 全麥麵粉　　　150g
- 椰糖　　　　　10g
- 無鋁泡打粉　　5g
- 鮮奶　　　　260ml
- 雞蛋　　　　　1 顆
- 無鹽奶油　　　25g
- 紅豆　　　　　120g
- 奶油乳酪　　　40g

## 做法 *Step*

1 —— 全麥麵粉、無鋁泡打粉以網篩過篩進調理盆，再加入椰糖。

2 —— 在調理杯中打入一顆蛋打散成蛋液，加入加熱融化的奶油和鮮乳，充份攪拌均勻後備用。將液體加進步驟 1 的調理盆，以打蛋器充份攪拌調製成鬆餅糊。

3 —— 準備一個勺子 ( 容量約 30ml)，中火加熱不沾平底鍋 2 分鐘，接著舀入一平勺的鬆餅糊，朝鍋子中央直線倒入，轉小火，蓋上鍋蓋計時 2 分鐘。

4 —— 打開鍋蓋將鬆餅翻面，蓋上鍋蓋，計時 1 分鐘，煎好即可盛起放置盤子備用。接著每一片都是重複一樣的煎法，全程以小火加鍋蓋煎，總共約可煎出 8 片鬆餅。

5 —— 每兩片鬆餅夾入重量30g的紅豆餡和10g的奶油乳酪，分別抹開，逐一夾餡即完成，建議當天食用完畢。

 ① 雞蛋、鮮奶請先恢復室溫再使用。

② 無鹽奶油可採用中強度的微波加熱 1 分鐘，奶油乳酪則是中強度微波加熱 20 秒，或是隔水加熱到奶油呈流動狀、奶油乳酪呈現可輕鬆抹開的程度。

# 幾款居家常備的低醣小菜

　　精選我經常反覆製作的五款美味小菜，製作的過程簡易，和各種減醣餐都很好搭配，很適合做為冰箱常備菜，隨時能夾取快速配餐。同時也能增進食欲、提高餐盤內容豐富性。

# 梅漬小黃瓜

### 材料 *Material*

- 小黃瓜　　　　300g
- 小番茄　　　　100g
- 梅醋　　　　　2 大匙
- 鹽　　　　　　少許
- 赤藻醣醇　　　2 大匙
- 蜂蜜　　　　　1 小匙

### 做法 *Step*

1 —— 小黃瓜洗淨，切成 3 公分寬的小段後再對切成塊狀，放入保鮮盒或食物矽膠袋，灑入少許鹽，密封後搖晃，放冰箱冷藏 1 小時，取出倒除濕水。

2 —— 接著加入醋、赤藻醣醇和蜂蜜，搖晃均勻，放回冰箱醃漬一晚。

3 —— 要吃之前加入切成對半的小番茄，略拌一下即可裝盛食用，冰箱冷藏可保存三天。

 小叮嚀

① 赤藻醣醇這種天然代糖不含熱量，其碳水化合物可經由尿液排除，不被身體吸收，但由於尾韻帶有涼涼的滋味，比較適合醃漬涼拌類的小菜。也可以用羅漢果糖替代，若採用羅漢果糖，甜度較高，使用的份量可以比赤藻醣醇減少 20%。

② 此處的梅醋是指只含鹽、不含糖的日本梅醋，若手邊沒有，也可以用溫和的糯米醋替代。

# 檸檬蘿蔔絲

### ◖ 材料 *Material*

- 白蘿蔔　　　　 100g
- 紅蘿蔔　　　　 100g
- 檸檬　　　　　 1 顆
- 赤藻醣醇　　 1.5 大匙
- 蜂蜜　　　　 1 小匙
- 鹽　　　　　 少許

### ◖ 做法 *Step*

1 —— 紅、白蘿蔔削皮後各切成 0.3 公分厚的片狀，鋪平後切成寬條狀。檸檬對切剖開，一半榨成檸檬汁，另一半切成薄片備用。

2 —— 蘿蔔絲放入保鮮盒或食物矽膠袋，灑入少許鹽，密封後搖晃，放冰箱冷藏 1 小時，取出倒除鹽漬後的澀水。

3 —— 接著加入檸檬汁、赤藻醣醇和蜂蜜至容器內，與蘿蔔絲和檸檬片一同搖晃均勻，放回冰箱醃漬一晚即可食用，冰箱冷藏可保存三天。

（小叮嚀）蜂蜜是精緻糖，然而減醣料理若全用天然代糖替代調味，有時容易出現風味不足的情況，建議可視食物味覺上的特性做適度調整，像這裡所加的蜂蜜就是為了提振風味用。

# 溏心蛋

## 材料 *Material*

- 雞蛋　　　　8 個
- 醬油　　　　100ml
- 清酒　　　　1 大匙
- 水　　　　　200ml
- 椰糖　　　　4 大匙
- 昆布（5×5 公分）1 片
- 冰塊　　　　適量

## 做法 *Step*

1 —— 雞蛋恢復室溫，另外準備一個小鍋子，放進醬油、
　　　清酒、200ml 的水、椰糖、昆布，攪拌均勻，煮至
　　　沸騰即熄火，將這鍋醃漬液靜置至完全冷卻。

2 —— 準備一個湯鍋加進半鍋的水，大火煮沸後，用夾子
　　　夾雞蛋小心放入，計時 6 分鐘。時間一到立即將蛋
　　　夾取出來，放進加了冰塊的水盆內降溫 20 分鐘。

3 —— 雞蛋小心剝殼，與步驟 1 的醃漬液一同放入保鮮袋
　　　或食物矽膠袋密封，放冰箱冷藏一天後即可食用，
　　　建議冷藏三天內吃完。

**小叮嚀** 此處的椰糖也可改用羅漢果糖替代。

# 韓式麻藥蛋

## 材料 *Material*

| | | | |
|---|---|---|---|
| • 雞蛋 | 8 個 | • 洋蔥 | 1/4 個 |
| • 醬油 | 150ml | • 青蔥 | 1 根 |
| • 冷開水 | 150ml | • 紅辣椒 | 1 根 |
| • 椰糖 | 3.5 大匙 | • 青辣椒 | 1 根 |
| • 白芝麻 | 1 大匙 | • 大蒜 | 3 瓣 |
| • 胡麻油 | 1 小匙 | • 冰塊 | 適量 |

## 做法 *Step*

1 —— 洋蔥去皮切成細丁,青蔥切成蔥花,紅辣椒與青辣椒切碎、大蒜剝皮切碎備用。

2 —— 雞蛋恢復室溫,準備一個湯鍋加進半鍋的水,大火煮沸後,用夾子夾雞蛋小心放入,計時 6 分鐘 30 秒。時間一到立即將蛋夾取出來,放入加了冰塊的水盆內降溫 20~30 分鐘。

3 —— 準備一個深型的保鮮盒 ( 或食物矽膠袋 ),將步驟 1 的辛香料放入,接著加入醬油、冷開水、椰糖、白芝麻、胡麻油,充份攪拌均勻,接著將剝殼後的蛋放入醃漬,放冰箱冷藏一天後即可食用,吃的時候可淋上少許醃漬液中的辛香料一起吃,建議冷藏三天內吃完。

 小叮嚀

① 椰糖可改用羅漢果糖替代。

② 白芝麻可先在平底鍋內以小火略炒香後放涼再加入醃漬,若不習慣吃芝麻也可以省略不加。

③ 剩餘的醃漬液仍可運用,冰箱保存請在一週內用完。可以拿來醃肉後拌炒,或是煮至沸騰後加入少許蠔油,製作成熱淋醬澆於蒸過的蔬菜、肉類或海鮮上食用。

# 減醣糖漬黑豆

## 材料 *Material*

* 黑豆　　　　250g
* 椰糖　　　　125g
* 醬油　　　　1 大匙
* 水　　　　　適量

## 做法 *Step*

1 —— 黑豆洗淨，加超過豆量的三倍水浸泡一晚，黑豆：水 =1:3。

2 —— 隔天將浸泡豆子的水倒除，放入快鍋，加入 600ml 的水、椰糖、醬油，攪拌均勻，蓋上快鍋蓋子，安全鎖扣好，中火煮滾至蓋子上頭的烹飪指示到最高，轉小火，計時 25 分鐘，時間一到就熄火。

3 —— 烹飪指示完全下降 ( 自然洩壓 ) 後，安全鎖鬆開，打開蓋子，盛入容器，冷卻後即可食用。

**小叮嚀**

① 調味部份也可採用赤藻醣醇取代椰糖。

② 使用快鍋烹調豆類比較快速且容易軟透，一般鍋具也可使用，只是熬煮的時間會延長數小時，這部份可斟酌自己時間跟習慣做抉擇。

# 主菜 / 減醣盤餐

　　我一直希望將飲食調控變有趣、轉化成具有期待感的獨特風格。刻板印象的健康餐容易讓人產生抗拒感，調整成具有儀式感的單盤料理，主題式包裝眼前的餐點，享用的當下**彷彿置身於減醣咖啡館**，能讓每一天都燃生無限動力。

　　是的，就是要讓自己沉浸其中，愉快地上癮－健康是一個充實生活的好習慣。不需要超高手藝，只要準備食材、掌握基本搭配原則就能展開你的減醣計劃。

# 基本餐盤搭配比例

**盡量以原型、少添加的食物為優先選擇，調味可以簡約也可以多變化。**

## 1. 高纖維質的蔬菜，份量 2 手掌

如紅、橙、黃、綠、紫、黑、白等多色蔬菜、菇類與藻類，多種類混合是最好的，有益加強吸收不同營養和維生素。

## 2. 高蛋白質食物，份量 1 手掌

動物性與植物性高蛋白質的食物兼具尤佳。植物性高蛋白質的食物可選擇：黑豆、黃豆、毛豆、鷹嘴豆、藜麥、豆腐等大豆製品，吃純素的人可結合高蛋白質的蔬菜（如青花菜、菠菜）補足份量；動物性高蛋白質食物如魚或海鮮、蛋類、肉類等。

## 3. 澱粉類食物或水果二選一，份量 1 拳頭

選擇方面，原型澱粉食物優於精緻澱粉。原型澱粉食物如地瓜、南瓜、山藥、馬鈴薯、紅豆、綠豆等全穀雜糧類；精緻澱粉如白米、白麵包、麵條等等。真的要吃精緻澱粉會建議盡量擺在代謝良好、活動量多的白天，如早餐或中餐其中一餐吃精緻澱粉，晚餐可吃原型澱粉或不吃澱粉。

KEY TITLE

# 油脂的選擇

　　植物性優質油脂優於動物性油脂，不飽和脂肪酸優於飽和脂肪酸。若食物的組成幾乎都是低脂或無油脂，可額外添加少量植物性的好油，如橄欖油、酪梨油、苦茶油、亞麻仁油。食物本身含有油脂，可選擇低油或無油的烹調方式，如清蒸、無水烹調。

KEY TITLE

# 飲食順序建議

**❶ 蔬菜　→　❷ 蛋白質　→　❸ 澱粉、水果**

　　先攝取高纖維質、醣份不高、容易消化的蔬菜，再吃適當的高蛋白質食物，以上兩者可以同時咀嚼，不用一定要先把蔬菜全吃光才能換蛋白質高的食物，但醣份高的食物最好是放最後才吃，這樣能有效抑制血糖上升。

　　把醣份高的食物放在最後吃，是因為人體在空腹時先吃高醣的食物會引起血糖快速上升波動，凡是激使血糖驟升的食物，很容易逼使胰島素分泌去讓血糖下降、多餘的糖轉化進血液囤積成脂肪，而且常會忍不住想繼續大口吃高醣食物，讓身體回到高血糖的亢奮狀態。

　　以上飲食的過程中，飲品或清湯可以在 ❶ 與 ❷ 的咀嚼過程食用，若真的吃完醣類高的澱粉後仍覺得不足，可再攝取少量水果，比較推薦選擇低醣份的水果 ( 如草莓、藍莓、芭樂、小番茄 ) 尤佳。

若吃完一餐依然沒有飽足感，可審視是否有以下原因再做補充：

**1. 份量不足導致的饑餓：**可追加補充一份高纖維質的蔬菜或無糖飲品。

**2. 水份缺乏：**有時候饑餓是因為嘴饞或身體缺水，並不是真的餓（饑餓錯覺）。養成好習慣應該是先喝開水，喝完還是感到餓才是真的饑餓。減醣時因為肝醣消耗快速導致容易流失水份，一般建議每日飲水量至少為 2000ml 或是體重乘以 30 得到的數值，減醣期間會建議最好一天喝 2500~3000ml。適量喝水也能加強代謝，幫助排毒。

# 儀式感可使飲食更美好

　　健康充實的生活就像相處多年的感情，缺少刺激久了易流於平淡而感到乏味。可以在習慣之中加一點變化、用喜歡的容器盛裝，時常變化菜色和感覺，這樣會讓眼前執行的飲食計畫更有樂趣，持之以恆的把一遇到疲憊就將就的生活變得講究。

　　施展一點用心就能讓執行變得更有意義，更珍惜當下，進而喜歡上這樣的感覺──「好充實啊！」

　　這部份是完全不需要壓力的，有時間則為之，找時間沉浸在樂趣之中即可。

　　有時候人生很苦，不盡然都是美好，甚至會遇到提不起力氣面對每一天的狀況，哪裡有心思專注在吃什麼？！但是，若沒把自己照顧好又怎麼有精力迎接每一天呢。日子好與不好，都是掌握在自己手裡，你希望他是美好的，未來就會引領你往好的地方前進。

　　從眼前能掌握、能照料自己的範圍做起，說來很玄，日子就會在堅持的信念下苦後回甘。

　　**我熱愛將喜好的咖啡館氛圍和減醣健康餐融合，正是因為我珍愛、敬重這樣的生活方式，不希望流於制式習慣而感到麻木。**果然，加一點儀式感是對的，對每一餐充滿期待，真的很有意思。

# 優格咖哩雞

　　溫和香醇的優格咖哩，不靠咖哩塊也不靠市售調理包，不用麵粉也不靠精緻糖，而且絲毫不攙一滴水，想安心澆淋咖哩享用、大口大口吃，這是很推薦的做法，加倍份量製作後冷凍常備，需要的時候只要解凍加熱就能馬上食用，非常方便。

　　加入時令蔬菜或高蛋白質的大豆類食物做變化，或是改成焗烤、沾醬，都能馬上讓這款家常咖哩創造出新吃法。

## 材料 *Material*

- 無骨雞腿排　　　　 2 片
  （總重量 500~600g）
- 洋蔥　　　　　　　 2 顆
- 番茄　　　　　　　 2 個
- 紅蔥頭　　　　　　 6 粒
- 大蒜　　　　　　　 6 瓣
- 無糖優格　　　　 150g

- 咖哩粉　　　　　 3 大匙
- 椰糖　　　　　　 2 小匙
- 煙燻紅椒粉　　 x 1 小匙
- 醬油　　　　　　 1 大匙
- 鹽　　　　　　　 1 小匙
- 橄欖油　　　　　 1 大匙

## 做法 *Step*

1 —— 將雞腿肉切成一口大小，跟無糖優格一起混合浸漬約 15 分鐘。

2 —— 將大蒜跟紅蔥頭剝皮切成細末，洋蔥去皮切成粗丁、番茄去蒂切成大塊備用。

3 —— 鍋內倒油，中小火熱鍋後，加進洋蔥丁拌炒，炒約 3 分鐘後加椰糖，不停充份拌炒，炒到洋蔥軟透、飄出香甜氣味。

4 —— 加進蒜跟紅蔥頭末，轉小火拌炒約 2 分鐘。

5 —— 放入番茄塊轉中火，炒均勻後熄火，蓋上蓋子靜置 10 分鐘。

6 —— 打開蓋子，這些炒好的蔬菜丁使用調理棒或是調理機打成細緻的泥狀，有些機器若不耐熱，建議放涼後再攪拌。

7 —— 將打好的蔬菜泥倒回原鍋內，轉小火後先攪拌一下，接著放進咖哩粉、紅椒粉、醬油，炒均勻直到煮至沸騰。

8 —— 把優格跟雞腿肉全部放進來，充份拌勻、融合，轉中火煮滾後再轉小火、蓋上鍋蓋，燉煮 30 分鐘。

9 —— 開蓋後先攪拌一下，再倒入鹽拌勻，蓋上鍋蓋繼續滾煮 10 分鐘，請都保持小火，燉好後熄火即完成。

餐盤
搭配示範

# 蔬菜咖哩花椰米飯（1人份）

🫘 做法 *Step*

1 ── 準備約 1/4 份的優格咖哩雞，加熱後放入茄子、青花
　　菜、胡蘿蔔、馬鈴薯，蓋上鍋蓋一起煮透，直至馬鈴
　　薯變鬆軟即可。

2 ── 平底鍋內放入一份約重量 200~250g 的白花椰菜米，
　　中火翻炒至出水，轉小火焗炒到收乾，盛盤後淋上步
　　驟 1 的蔬菜咖哩，建議可再加一顆水煮蛋或荷包蛋增
　　加蛋白質份量，完成。

# 韓式洋釀炸雞

　　看到韓劇裡一口炸雞一口啤酒很是羨慕，尤其是紅通通看起來濃厚又香辣的「洋釀」（洋釀指的是調味沾醬）口味，哎唷真是無法忍受，每看一眼心動一次，但裡頭好像有很多辣醬和糖漿？！是不是想瘦就得敬而遠之？

　　減醣時對於澱粉與甜度很容易因畏懼而卻步，其實**減醣僅是減少不必要的醣份與添加、避免攝取過多轉化成脂肪囤積**，在烹調的做法上與一般飲食並沒有什麼差異。

　　減醣一樣可以做出美味無負擔、香甜微辣的「洋釀」炸雞，不靠麵粉和砂糖果漿等材料，這個做法會讓你感受到更多減醣的樂趣。

## ◖ 材料 *Material*

- 無骨雞腿排　　　　1 片
- 黃豆粉　　　　　　20g
- 洋車前子粉　　　　20g
- 鹽　　　　　　　　少許
- 黑胡椒粉　　　　　少許
- 油　　　　　　　　適量

## ◖ 調味料 *Seasoning*

- 洋蔥　　　　　　　1/4 顆
- 大蒜　　　　　　　2 瓣
- 番茄醬　　　　　　3 大匙
- 醬油　　　　　　　1 大匙
- 椰糖　　　　　　　1.5 大匙
- 胡麻油　　　　　　1 大匙
- 水　　　　　　　　5 大匙

## ◖ 做法 *Step*

1 —— 雞腿排兩面灑少許鹽和黑胡椒粉，醃漬 15 分鐘，先將黃豆粉、洋車前子粉一起加進保鮮盒 ( 或食物矽膠袋 ) 內。

2 —— 把醃漬過的雞腿排切成一口大小、放進步驟 1 的容器內，密封後充份搖晃裹粉。

3 —— 接著要油炸或氣炸都可以，油炸可使用小鍋子加入適量油，中火加熱後以半煎半炸的方式將裹粉雞塊炸到表面金黃酥脆；氣炸的做法是，在烤網上噴或刷一層油，擺上雞塊後，在雞塊表面上一層薄油，直接放進氣炸鍋或氣炸烤箱 ( 烤箱請放最上層 )，設定 180°C、15 分鐘，氣炸中途記得取出翻面。

4 —— 準備調味醬，將洋蔥與大蒜切成細末，平底鍋內加入胡麻油，小火加熱後炒香洋蔥與大蒜末，接著放入番茄醬、醬油、椰糖和水，煮至沸騰後，繼續以小火煮 5 分鐘。

5 —— 將炸好的雞塊放進平底鍋，均勻裹上醬汁後，熄火完成，盛盤即可享用。

**剛炸好的低醣裹粉雞塊**

# 洋釀炸雞套餐 (1 人份)

### 🥄 做法 Step

1 —— 準備約 1/2 份量的韓式洋釀炸雞，搭配重量約 50g 的
　　　新鮮高麗菜絲或蒸高麗菜、重量 200g 已加熱的白花
　　　椰菜米。

2 —— 加上一拳頭份量的蒸地瓜或蒸芋頭，再加一顆水煮
　　　蛋，完成。

# 無添加煙燻培根

下廚有時候好需要培根，獨有的醃漬香氣就是跟一般醃肉的滋味不同，遇熱逼出油脂煎一些炒蛋、配麵包，或是加在沙拉、披薩，義大利麵都很好用。然而，一般市售的培根多數都含有化學添加物，尤其是亞硝酸鹽等對健康有礙的物質，建議真的想吃的話，可盡量挑選無或少添加的市售品，或參考我的家庭自製培根做法，一段時間做一些冷凍備用。

🍩 材料 *Material*

- 去皮五花肉塊　1200g
- 鹽　　　　　　36g
- 蜂蜜　　　　　2 大匙
- 迷迭香　　　　2 枝
- 月桂葉　　　　4 片
- 黑胡椒　　　　少許
- 紅茶葉　　　　2 大匙
- 砂糖　　　　　2 大匙

🍩 做法 *Step*

1 —— 在整個肉塊上面用叉子均衡刺洞、抹上海鹽。

2 —— 肉塊抹好鹽後，先用一層廚房紙巾裹起，然後再裹一層廚房紙巾。

3 —— 接著放進密封保鮮盒或是袋中，擺進冰箱冷藏室靜置一天。第二天從冰箱取出，去除舊的廚房紙巾、裹上新的廚房紙巾（一樣是裹兩層），靜置冰箱一天。

4 —— 第三天，將紙巾除去後，整塊肉抹上一大匙的蜂蜜，充份抹勻，擺上迷迭香、捏碎的月桂葉，最後灑上少許黑胡椒，然後用保鮮膜分別裹緊，擺回密封保鮮盒或袋子裡繼續冰回冰箱冷藏，在冰箱直接冰到

第六天。

5 —— 第六天，將醃漬的肉塊從冰箱取出，靜置室溫 1 小時。

6 —— 在一個容量大的鑄鐵鍋內 ( 換成不鏽鋼深鍋也可以 ) 墊入一層錫箔紙，
先均勻灑入紅茶葉、再灑上砂糖，然後擺上一個蒸架。

7 —— 要蓋鍋蓋前再墊一層錫箔紙以免燻煙大量外漏，蓋好後開中火，等白
色的燻煙從邊緣溢出一些時請轉小火。

8 —— 打開鍋蓋，放進撕去保鮮膜的醃漬五花，然後蓋回錫箔紙及鍋蓋，以
小火煙燻 15~20 分鐘，中間請適度打開鍋蓋幫肉換面。

9 —— 待顏色燻成微帶金褐色就熄火，蓋上鍋蓋悶半小時。取出培根、放在
盤內待其冷卻，再密封放入冰箱冷藏冰一天，讓它燻香更入味、冰透
也會比較好切。

\* 注意：燻好不能直接吃，燻色只是增添風味和讓培根更美味罷了，裡頭可都
還是生的，一定要充份加熱再食用。

① 雙手包裝、製作過程請務必保持清潔乾燥！
② 五花肉請肉攤老闆協助選肉，盡量切成長方形、方正一點的肉塊
③ 鹽的用量是肉重量的 3%，請不要任意改比例，因為家庭醃漬還
是要用一定比例的鹽比較安心。
④ 迷迭香若用新鮮的請務必充份吸乾水份，或用乾燥迷迭香都可以。

# 培根蛋吐司美式早餐 （1人份）

　　類似火腿蛋這樣的西式早餐做法，不使用市售培根或火腿，
改成使用無添加的培根製作、一樣美味。

## ◗ 做法 Step

1 —— 選擇雞蛋兩顆、自製培根 2~3 片，吐司一片，先將培
　　　根煎出油脂，推到鍋子一側，接著打入雞蛋以小火煎
　　　成太陽蛋。

2 —— 吐司烤過，加上一杯黑咖啡，旋即完成這套美味早餐。

# 豆腐豬肉漢堡排

　　一般純肉的漢堡肉排容易有脂肪含量過高的情況，所以減脂的人常以豆腐漢堡排做替代。這是最簡易好做的美味做法，除了基本食材外也能自己再加入一些蔬菜丁或少許其他食材做升級變化，也可以再另外熬製醬汁澆淋其上。可多做一些冷凍備用，當需要搭配成減醣餐的時候只要加熱就能很快配餐。

## 材料 *Material*

- 豬絞肉　　　300g
- 板豆腐　　　300g
- 洋蔥　　　　50g
- 雞蛋　　　　1 顆

- 蒜　　　　　2 瓣
- 白胡椒粉　　少許
- 鹽　　　　　1/2 小匙
- 橄欖油　　　1 小匙

## 做法 *Step*

1 —— 請先將洋蔥切成細丁狀、蒜切成末狀，在平鍋內先倒入油，轉中小火。

2 —— 然後倒入洋蔥丁，等炒到微軟時加進蒜末炒出香氣，直到洋蔥呈半透明狀，熄火。

3 —— 炒好的洋蔥先倒在一個平盤上攤平散熱，備用。

4 —— 在一個大調理盆內放入解凍後的絞肉，加進白胡椒粉跟鹽，打入一顆雞蛋。先稍微拌勻，靜置 10 分鐘。

5 —— 手充份洗淨，豆腐的水份盡量排除，可用兩張廚房紙巾包覆豆腐後放進微波爐以 500W 微波 3~4 分鐘，或是先用重物壓 30 分鐘讓多餘水份排出。

6 —— 把排水的豆腐用手擠壓成碎泥狀加進調理盆，再放進熟洋蔥丁。用手充份揉拌均勻，使餡料產生黏性。

7 —— 餡料分成六等份，逐一壓實、塑型成橢圓狀的肉餅，壓合之前可以先雙手抹一點油防沾。

8 —— 鍋內倒 1 小匙油，逐一排放豆腐漢堡進鍋內。中火先煎 1 分鐘讓底部上色，接著轉小火、蓋上鍋蓋煮 3 分鐘。

9 —— 打開鍋蓋，翻面後轉中火煎 1 分鐘，然後一樣轉小火蓋鍋蓋悶 3 分鐘，完成！

小叮嚀

① 如果煎熟的過程流出許多水份代表豆腐瀝水不夠徹底，但沒關係，用廚房紙巾將混合油脂的水份吸掉就好，不會影響成果。

② 做比較多或吃不完建議密封後冷凍保存，請在生食的狀態冷凍，因為加了豆腐易變質，不建議冷藏，冷凍可保存約兩週的時間。再加熱可以選擇於烤盤鋪上烘焙紙再擺上豆腐漢堡排，無需解凍，200℃預熱好烤箱後烘烤 12~15 分鐘即可。

餐盤
搭配示範

# 豆腐漢堡花椰菜米蓋飯（1 人份）

## 🫘 做法 *Step*

1 —— 準備重量約 100g 的冷凍蔬菜和 250g 的冷凍花椰米，
半解凍的狀態下放入平底鍋以中火炒到冒出水份，轉
小火炒到水份蒸發即可盛盤。

2 —— 油煎兩份的豆腐漢堡排，加上重量 100g 左右的地瓜，
蒸或微波至熟透即可全部組合成一套單盤料理。

3 —— 若覺得這樣仍有不足，可再搭配一碗清湯或無糖茶
飲，成為豐富的套餐。

# 三杯蔬菜牛肉捲

　　肉捲是減醣時變化萬千的好朋友，尤其對熱愛帶便當、組合配餐的人來說，是再適合不過的選擇。想想看，使用不同種類的肉片、捲入各種食材後的滋味都會不一樣、層次也多重，實在太有趣了。初下廚很常選擇肉捲青蔥、豆腐或金針菇這類食材，等熟悉了不妨挑戰一下這道食譜，會讓你驚喜的。

## 材料 *Material*

- 牛肉火鍋肉片　　　150g
- 羽衣甘藍　　　　　50g
- 黃豆芽　　　　　　50g
- 胡蘿蔔　　　　　　50g
- 麻油　　　　1/2 大匙
- 鹽　　　　　　少許

## 調味料 *Seasoning*

- 醬油　　　　　1 大匙
- 米酒　　　　　1 大匙
- 羅漢果糖　　　1 大匙
- 洋車前子　　　2 小撮

## 做法 *Step*

1 —— 調味醬的材料先加進一個小調理碗調勻,黃豆芽洗淨捻除根鬚,羽衣甘藍洗淨後切成與肉片寬度相近的段狀,胡蘿蔔削皮後先切片再切成細絲備用。

2 —— 攤平肉片,記得要先在肉片上灑少許鹽,靠近自己這一側鋪上適量羽衣甘藍,再鋪豆芽、胡蘿蔔絲,捲緊實,收口朝下先放置一旁,一個個肉捲照同樣的方式捲好。

3 —— 在不沾平底鍋內倒入麻油,中火熱鍋,肉捲的收口朝下放入鍋內,等收口處遇熱凝結後才能將翻面,蓋上鍋蓋,轉小火燜 3~5 分鐘。

4 —— 打開鍋蓋,倒入調味醬汁,轉中火滾煮 2~3 分鐘,中途可翻面讓醬汁吸收進肉捲裡,這樣就完成了。

# 韓式肉捲泡菜豆腐單盤料理 (1人份)

　　準備半盒板豆腐，與 3 條玉米筍和 3 朵新鮮香菇切片，全擺在鋪有烘焙紙的烤盤，噴少許油後以 180°C 烤 10 分鐘。重量 200g 的半解凍花椰菜米以平底鍋中火炒出水份，轉小火炒到水份收乾。烤好的豆腐從中間剖開，夾入適量韓式泡菜，與烤好的玉米筍和香菇、炒熟的花椰菜米一起擺上盤，加上三捲三杯蔬菜牛肉捲、書中 095 頁的梅漬小黃瓜 3 大匙，就是一份豐富又有飽足感的減醣單盤料理。

　　想再添加一些澱粉，也可趁烤豆腐及蔬菜時加入重量約 100g 的切片南瓜一起烘烤。

# 馬鈴薯燉牛肉

　　常被認為是日本家常菜的馬鈴薯燉肉，其實是源自於英國燉牛肉，由於英國菜流傳到日本之後被「和食化」，之後漸漸演變成日本家庭必備的菜單之一，也是新手人妻學的第一道菜。傳統版本會加味醂跟砂糖，改成減醣版，少了精緻糖依然溫潤可口。一次燉一鍋可以分裝冷凍，要吃的時候再解凍復熱，大大加快組合配餐的速度。

## 材料 *Material*

- 馬鈴薯　　　　　　400g
- 洋蔥　　　　　　　1 顆
- 胡蘿蔔　　　　　　300g
- 甜豌豆　　　　　　8 根
- 牛肩胛胛里肌肉片　200g
- 蒟蒻麵或蒟蒻絲　　180g
- 柴魚昆布高湯包　　1 袋
- 水　　　　　　　　400ml
- 油　　　　　　　　1 大匙

## 調味料 *Seasoning*

- 醬油　　　　　　　3 大匙
- 清酒　　　　　　　2 大匙
- 椰糖（或羅漢果糖）1 大匙

## 做法 *Step*

1 —— 蔬菜洗淨後進行處理：洋蔥去皮切成寬塊，馬鈴薯與胡蘿蔔削皮切成
　　　滾刀塊，甜豌豆洗淨備用。

2 —— 蒟蒻麵請切段，寬度約 6 公分。

3 —— 水 400ml 加進小鍋內，煮滾後加進高湯包煮 5 分鐘，快煮好前放進甜
　　　豌豆汆燙 1 分鐘，撈起甜豌豆放涼備用，高湯準備在一旁。

4 —— 另一鍋內倒入 1 大匙油，中火熱鍋後，加入洋蔥先拌炒一會兒，接著
　　　放進胡蘿蔔、馬鈴薯拌炒 3 分鐘。

5 —— 加入高湯和調味料，中火煮滾。接著放入肉片煮熟，若有浮沫請撈除。

6 —— 放進蒟蒻麵，煮滾後，蓋上鍋蓋，轉中小火燉煮 15 分鐘，開蓋後轉中
　　　火煮 3 分鐘，收汁後擺上汆燙好的甜豌豆即可上桌。

① 馬鈴薯切塊後建議可以先泡水，預防變色，要下鍋煮之前才瀝水。

② 準備冷凍保存時，可不加入甜豌豆，以免再加熱時變黃變苦影響味道。

餐盤
搭配示範

# 馬鈴薯燉肉個人套餐（1人份）

　　將馬鈴薯燉肉取 1/8 份加熱，加上半把的青江菜洗淨切段後與少許櫻花蝦、1 小匙橄欖油略炒過，以少許鹽調味，擺上半顆水煮蛋，佐 1 大匙 102 頁的糖漬黑豆、2 大匙 97 頁的檸檬蘿蔔絲，再加上 1/4 碗的多穀飯，就是一份美味的減醣馬鈴薯燉肉套餐。

# 金黃酥酥魚條

　　以西式的做法裹粉油炸食材，拿來佐冷食的沙拉或是夾於麵包之中會更加適合。減醣的裹粉法，在酥脆程度的表現與一般麵粉或酥炸粉相近，但醣份卻減少了許多。可以一次先大量裹好後冷凍，等需要的時候直接取出油炸或抹少許油於表面烤過即可，無論是製作沙拉或佐餐、帶便當都很方便。

### ◐ 材料 *Material*

- 鯛魚片　　　　　　200g
- 黃豆粉　　　　　　3 大匙
- 烘焙用杏仁粉　　　2 大匙
- 起司粉　　　　　　1 大匙
- 香蒜粉　　　　　　少許
- 鹽　　　　　　　　適量
- 黑胡椒粉　　　　　少許
- 油　　　　　　　　適量

### ◐ 做法 *Step*

1 —— 在解凍魚片的表面灑少許鹽,靜置 10 分鐘。

2 —— 取一個保鮮盒,混合材料中的黃豆粉、杏仁粉、起司粉、香蒜粉,將魚片切成寬條狀後加入,密封充份搖晃,讓粉全均勻沾裹。

3 —— 靜置魚條待外表的裹粉反潮,即可噴上油,放置進入以 180°C 預熱好的烤箱內,烘烤 15~18 分鐘,中途記得翻面,兩面呈金黃色則完成。

小叮嚀

① 以氣炸鍋或氣炸烤箱加熱是不需要事先預熱的,直接設定 180℃、15 分鐘,中途記得翻面一次。

② 同樣的減醣裹粉也能用於雞肉或其他魚片、肉排上。

# 彩虹魚條科布沙拉 (1 人份)

　　取一個直徑約 21~24cm 左右的餐盤，擺上兩面手掌大小的洗淨生菜，5~6 顆小番茄，半顆酪梨切成厚片、2 片紫色高麗菜洗淨切成細絲，擺入一半份量的金黃酥酥魚條，佐醬請使用無糖優格 1 大匙加上美奶滋 1/2 大匙混合均勻，淋於沙拉上即可享用。

# 茄汁鮮蝦豆腐燒

　　一般的羹類料理需要加太白粉水勾芡，才會呈現滑溜飽滿的口感。想減少不必要的醣份攝取就會希望減少麵粉或太白粉這類的添加，然而其實是可以藉由將金針菇打碎或是加少量高纖維的洋車前子粉去達到類似勾芡的稠度，醣份可以大幅度減到最低，而且這樣替換後美味程度不減。不妨試看看調味上的調整，讓各種羹湯都能愉快地以減醣方式享用。

## 材料 *Material*

- 蝦仁　　　　　　　250g
- 番茄　　　　　　　1 顆
- 嫩豆腐　　　　　　300g
- 青蔥　　　　　　　1 根
- 番茄醬　　　　　　1 大匙
- 鹽　　　　　　　　1/4 小匙
- 椰糖或赤藻醣醇　　1/2 小匙
  （擇一即可）
- 油　　　　　　　　1 大匙
- 洋車前子粉　　　　1/2 小匙
- 熱水　　　　　　　100ml

## 蝦餡調味材料 *Seasoning*

- 蛋白　　　　　　　1 個
- 鹽　　　　　　　　1/2 小匙
- 白胡椒粉　　　　　1/4 小匙
- 椰糖（或赤藻醣醇）1/2 小匙

## 做法 *Step*

1 —— 番茄洗淨切成小塊、嫩豆腐切成約 4 公分寬度的正方形大塊狀。將蔥洗淨切成蔥花，分成蔥綠跟蔥白。蝦仁解凍後濾除水份，跟蝦餡調味材料一起放入調理機打碎成泥狀備用。

2 —— 鍋內倒入油，小火慢炒蔥白，接著放入番茄塊跟番茄醬炒香，加入熱水、1/4 小匙的鹽和 1/2 小匙的椰糖，沸騰後加入 1/2 小匙的洋車前子粉攪拌勾芡。

3 —— 放入豆腐塊，接著湯匙沾水，舀一球球的蝦餡放入鍋內，蓋上鍋蓋，燉 10~12 分鐘即完成，上桌前再灑上蔥綠。

① 若要一次做好密封冷凍，請記得先不要勾芡跟加入蔥綠，加熱後才加入。

② 同樣的勾芡方式也能運用在類似的羹類料理，若不喜歡洋車前子的勾芡口感，也可以將少量金針菇或秋葵切碎再加入湯汁一起煮，也能達到適度的稠度，醣份也極低。

餐盤
搭配示範

# 茄汁鮮蝦豆腐燒 &
# 蒸時蔬套餐（1 人份）

　　選一個直徑約 21~24cm 左右的餐盤，擺上加熱後的茄汁鮮蝦豆腐 1/4 份量，與佔據餐盤一半份量的蒸青菜（如兩大片高麗菜、一顆青椒、少許胡蘿蔔刨片、重量 100~150g 的地瓜切片）。蒸過的蔬菜不必調味，也可直接淋上豆腐燒食用，再加上一碗醣份極低的高纖維海帶芽清湯（以高湯包煮海帶芽簡易調味即完成）。

# 無砂糖手工麵包

減醣的真義在於盡量不吃含有精緻糖的食物，但這並不是指所有醣類都不能攝取。健康的飲食生活，並不是矯枉過正的嚴苛要求只能吃什麼，而是通過選擇讓自己吃的更好、更安心。

自己在家做麵製品是一件耗時的工作，然而我們可以通過雙手製作去採用適合家人的食材，不只不含任何化學添加物跟人工香精、色素，同時也能藉由親自動手移除對身體有礙無益的砂糖或糖漿。

不放砂糖真的可以有效發酵嗎？可以的。

照著我的食譜，這些都經過無數次反覆製作，同時也是在家最常吃到的基本麵包種類。

本章的手工麵包食譜可搭配娜塔頻道的教學影片一起學習

掃瞄「娜塔腹女生活」的 YouTube QR code，這些無砂糖手工麵包的教學可透過我親身示範的影片加速理解。

網址：
https://www.youtube.com/channel/
UCQ3wVhag0UIzoiNf7hCO2TA

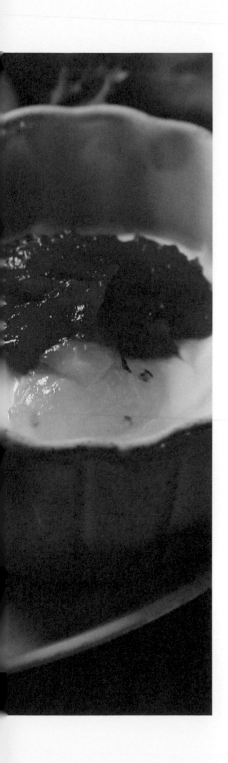

# 葡萄乾堅果軟歐包

　　麵包裡完全不攪任何糖，連天然代糖也不放，光想像就很難發酵？！少了讓容易保持濕度又柔軟的材料，像是乳品、蛋液、油脂，這樣的麵包應該很容易變得既乾又硬。但是，其實許多歐式或法式麵包的傳統配方原本就是無糖無油呀。

　　「直接法」在麵包製法上是最簡易的入門，卻也十分容易產生隔日乾巴巴的情況。這個軟歐包的做法可以當日完成，卻能在不依靠任何麵種、只要留意發酵過程的情況下，輕鬆做出皮脆內軟、美味又不易乾涸的成品。出爐冷卻後切成厚片密封冷凍保存，每次搭配餐點時取出幾片恢復室溫再回烤，就像剛出爐一般好吃，越嚼越香。

## 材料 *Material*

| | |
|---|---|
| ● 高筋麵粉 | 250g |
| ● 鹽 | 4g |
| ● 低糖速發酵母 | 2g |
| ● 水 | 165g |
| ● 葡萄乾 | 50g |
| ● 綜合無調味堅果 | 25g |

## 做法 *Step*

1 —— 葡萄乾先泡水10分鐘後擠乾水、以廚房紙巾充份吸乾外表水份後備用。將麵粉與水、鹽先混合，搓揉成型，過程約10分鐘（此步驟可藉麵包機或攪拌機搓揉完成）。

2 —— 加入酵母、葡萄乾、堅果進麵團，充份攪拌成表面光滑的麵團，過程約8至10分鐘（此步驟可藉麵包機或攪拌機搓揉完成）。

3 —— 麵團放入調理盆，蓋上一塊擰除水份的溼布，室溫中發酵30分鐘。

4 —— 取出麵團於工作檯上，可灑點薄薄麵粉於平台上防沾黏，輕拍麵團排氣、整型成收口向下的圓團後，麵團再度放回調理盆，蓋上溼布，室溫中發酵60分鐘。

5 —— 時間一到取出麵團於檯面，輕拍麵團排氣、整型成收口向下的圓團，麵團再度放回調理盆，蓋上溼布，室溫中發酵90分鐘（此時的麵團需為最原本的2.5倍大）。

6 —— 從盆內取出麵團，檯面上輕拍排氣後秤重，分割成均衡重量的兩個麵團，分別將兩麵團排氣及收圓，放置在鋪上烘焙紙的烤盤，進烤箱設定 35°C 發酵 1 小時。

7 —— 取出烤盤，將烤箱以 220°C 預熱。趁預熱時，麵團上灑薄薄一層薄粉，以麵團切割刀切出淺淺刀痕（如十字、葉脈紋絡等，可自由發揮）。

8 —— 預熱好烤箱之後，放入烘烤 20 分鐘（中途記得將烤盤內外調換方向一次），有蒸氣的烤箱可在一開始烘烤的前 5 分鐘開啟蒸氣。出爐後放置烤架，冷卻後再密封保存。室溫保存可兩天，冷凍可達一個月。

**小叮嚀** 氣溫 25℃ 以上可放在室溫中直接發酵，若室溫低於 25℃ 請放在溫暖環境（所謂溫暖環境是指有發酵功能的廚房家電，或是密閉烤箱 / 微波爐內加一杯熱水在旁邊幫助發酵）。

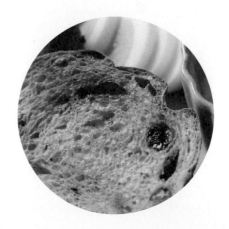

# 迷你漢堡

　　印象中的漢堡常像是美式那樣，無法一手掌握、甚至快比臉大，中間的餡料越多層越過癮。但是啊，這份量對於愛吃漢堡又想兼顧減醣的人來說，不只是爆醣也爆熱量，總覺得不能常吃好感傷。

　　其實，把配餐時的概念轉換過來，讓麵包中的成份跟份量調整過，漢堡可以變身成類似餐包的迷你尺寸，在一餐當中先攝取充足的蔬菜和高蛋白質食物，將迷你漢堡夾入不同口味的食材，再來一杯植物奶，吃的比例改變，豐富程度卻更高了呢。

## 🫘 材料 *Material*

- 高筋麵粉　　　　　　250g
- 鹽　　　　　　　　　4g
- 椰糖　　　　　　　　20g
- 低糖速發酵母　　　　2g
- 無糖杏仁奶　　　　　190g
- 無鹽奶油　　　　　　20g

● 做法 *Step*

1 —— 請將高筋麵粉和鹽、糖放在攪拌盆內，酵母也加入以低速先攪拌 1~2
分鐘。酵母請不要直接疊放在糖和鹽的上頭，以免影響後續發酵效果。

2 —— 加進杏仁奶，大致攪拌成團就改成中速，麵團打到可以延伸拉起不輕
易斷裂的程度、捏起來的軟硬度像耳垂即可。

3 —— 接著加入奶油，加奶油後先轉低速，攪拌約 3 分鐘、奶油逐漸吃進麵
團就可轉成中速，攪打成一個可以撐出薄膜的麵團。麵團最好測試一
下最終溫度，建議終溫在 26°~28C 之間。

4 —— 將打好的麵團整理成表面光滑、束口朝下的圓團，放入塗抹一層薄薄
奶油的圓盆內，覆蓋一層擰乾水份的濕布。

5 —— 放進溫暖處 ( 或具發酵功能的烤箱 ) 進行第一次發酵，發酵成比原本
大一倍 ( 過程約 60~70 分鐘 )。第一次發酵時，周圍的溫度建議控制在
28~30 ℃、濕度約 70% 左右。

6 —— 將麵團移到工作台上，用手掌輕壓排氣 ( 若麵團較黏手可手沾薄薄高筋
　　　麵粉再接觸整型 )，將麵團秤重、分切成 9 顆重量均一的麵團，逐一拍
　　　氣滾圓，蓋一層擰乾水份的濕布防止麵團乾燥，中間發酵等待 15 分鐘。

7 —— 中間發酵好的麵團請逐一再輕壓排氣後滾圓，表面沾黏少許白芝麻，
　　　接著排放到墊有烘焙紙的烤盤上、送進溫暖環境進行最後發酵，發酵
　　　約 50 分鐘，這時發酵環境溫度建議約 35~38 度°C、濕度 80~85% 最佳。

8 —— 發酵好的麵團整盤取出、烤箱請以 200°C 事先預熱，再送進烤箱底層
　　　烤 12~14 分鐘，麵包必須烤到表面呈金黃色、底部也有呈現金黃烤色
　　　才可出爐。建議製作好之後密封冷凍保存，保鮮可達一個月。

# 全麥佛卡夏

　　很多人常問我麵包能不能百分之百運用全麥麵粉製作，原因是整粒小麥研磨的麵粉會比精緻的高筋麵粉擁有更多營養，纖維質含量也較高。然而全麥麵粉的筋性比較低，口感也較粗糙，不運用長時間發酵麵種的技法去製作比較不易達到理想發酵程度、組織也易乾燥。

　　其實只要全麥麵粉的含量佔整體的 50%，選擇居家容易操作的液種去製作，全麥麵包就能扎實又軟 Q，細細咀嚼會散放麥子的原始香氣，是非常適合佐餐的一款健康麵包。

🌰 液種材料 *Material*

| | |
|---|---|
| • 全麥麵粉 | 100g |
| • 水 | 100g |
| • 低糖速發酵母 | 1g |

🌰 主種材料 *Material*

| | | | |
|---|---|---|---|
| • 全麥麵粉 | 25g | • 低糖速發酵母 | 2g |
| • 高筋麵粉 | 125g | • 水 | 65g |
| • 椰糖 | 22g | • 橄欖油 | 10g |
| • 鹽 | 4g | | |

## ◙ 做法 *Step*

1 —— 液種的材料放進一個保鮮盒，充份攪拌到看不到乾粉，密封靜置於室溫 1 小時，再放進冰箱冷藏 14~24 小時。

2 —— 隔天取出液種，將主種的材料放入攪拌盆，低速攪打 2 分鐘後，將液種也一併放入，轉中速繼續攪打到可以延伸撐起薄膜的狀態。麵團揉好最好測試一下最終溫度，建議終溫在 26°~28C 之間。

3 —— 將打好的麵團整理成表面光滑、束口朝下的圓團，放入塗抹一層橄欖油的圓盆內，覆蓋一層擰乾水份的濕布，初次發酵 1 小時，環境溫度建議控制為 30℃。

4 —— 發酵後的麵團約為原本的 2 倍大，取出於工作檯面上，輕壓麵團排氣，再次揉圓後放回調理盆，蓋回濕布，室溫下進行中間發酵，靜置 20 分鐘。

5 —— 發酵好的麵團輕壓排氣後，運用擀麵棍滾平為 20x15 公分左右的麵片，對摺成長方形麵團後，放到墊有烘焙紙的長方烤皿 ( 容器的長寬約 21x17 公分 ) 內，麵團表面抹一層薄薄橄欖油，以手指在麵團表面壓出數個孔洞 ( 可在此時點綴少許迷迭香葉子 ) 送進溫暖環境進行最後發酵，發酵約 30~40 分鐘，這時發酵環境溫度建議約 35℃、濕度 80~85% 最佳。

6 —— 發酵好的麵團整盤取出、烤箱請以 200°C 事先預熱，再送進烤箱底層烤 20 分鐘即可出爐。室溫密封保存為兩天，冷凍保存可達一個月。

# 軟綿豆漿生吐司

　　口感綿軟、每一側的吐司邊一咬就化開，印象這樣的吐司不僅高糖，含有的鮮奶油與鮮乳份量也很驚人。居家想時常製作又不想放棄享受生吐司細緻柔軟的每一吋，到底怎麼同時兼顧美味與健康？

　　其實靠天然代糖和植物奶、無糖豆漿等材料一樣能創造不輸市售的口感。本食譜採用常見的 12 兩帶蓋不沾吐司模製作，先從一條的基本份量開始多練習，等熟練之後不妨一次製作兩條或三條，無法太快食用完畢只要密封冷凍，可以保存至少一至兩個月，集中製作對於家庭是十分節省成本能源的做法。

## 材料 *Material*

| | | | |
|---|---|---|---|
| • 高筋麵粉 | 312g | • 鹽 | 4g |
| • 小麥胚芽粉 | 13g | • 雞蛋 | 1 個 |
| • 速發酵母 | 4g | • 無糖豆漿 | 170g |
| • 椰糖 | 30g | • 無鹽奶油 | 30g |

## 做法 *Step*

1 —— 將麵粉、小麥胚芽粉與鹽、椰糖、酵母先放進攪拌缸，低速攪拌 1 分鐘，
接著加入雞蛋和豆漿，低速攪拌均勻後，轉中速，攪拌至表面光滑，
麵團可以延伸拉起不易斷裂、捏起來的軟硬度像耳垂即可。

2 —— 加入奶油，先低速攪拌至奶油大致與麵團融合，再轉中速，充份攪拌
成表面光滑、可撐起薄膜的麵團（上述步驟可藉麵包機或攪拌機搓揉
完成）麵團揉好測試一下最終溫度，建議終溫在 26°~28C 之間。

3 —— 將打好的麵團整理成表面光滑、束口朝下的圓團，放入塗抹一層薄薄
奶油的圓盆內，覆蓋一層擰乾水份的濕布。

4 —— 放進溫暖處（或具發酵功能的烤箱）進行第一次發酵，發酵成比原本
大一倍（過程約 60 分鐘）。第一次發酵時，周圍的溫度建議控制在
28~30 ℃、濕度約 70% 左右。

5 —— 將麵團移到工作台上，用手掌輕壓排氣（若麵團較黏手可手沾薄薄高筋
麵粉再接觸整型）。將麵團秤重、分切成 3 顆重量均一的麵團，逐一拍氣
滾圓，蓋一層擰乾水份的濕布防止麵團乾燥，中間發酵等待 15 分鐘。

6 —— 每顆麵團再次輕壓排氣，逐一用擀麵棍擀開、成為長度約 20 公分的麵
片，翻面捲起成長條狀，蓋回濕布，中間發酵等待 10 分鐘。

7 —— 每條麵團收口朝下，用擀麵棍擀平後翻面捲起，三個麵團都以同樣的
方式擀捲後，均放進不沾的 12 兩吐司烘烤模型，擺上烤盤，送進溫
暖環境進行最後發酵，發酵約 40~50 分鐘，這時發酵環境溫度建議約
35°C、濕度 80~85% 最佳，當麵團發酵到烤模的八成滿時即可加上吐
司模之蓋子。

8 —— 取出最後發酵的吐司模，將烤箱以 170°C 預熱，預熱好之後放入烤箱
下層，烘烤 34 分鐘、電源關閉後悶 5 分鐘，出爐倒扣出吐司於散熱架，
冷卻後再密封保存。建議分切後冷凍保存，保鮮可達一個月。

# 乳酪香蒜麵包

　　從大蒜奶油醬到香蒜麵包全自製是什麼感覺？這種美味和樂趣絕對值得親身感受。**自己做可以大量減少不必要的化學添加和防腐劑**，天然卻香氣濃醇，出爐的那一刻更是無比雀躍。

　　這款在我家裡經過無數次改版，直到減醣飲食後改成適合搭配一餐的份量，對基本餐包吃多了希望換口味的人來說，這是非常適合嘗試的做法。

### 🍩 材料 *Material*

- 高筋麵粉　　　　　　　200g
- 鹽　　　　　　　　　　2g
- 椰糖　　　　　　　　　20g
- 低糖速發酵母　　　　　2g
- 無糖豆漿　　　　　　　145g
- 無鹽奶油　　　　　　　15g
- 起司粉　　　　　　　　適量
- 洋香菜粉　　　　　　　適量
- 香濃大蒜奶油　　　　　45g
  （做法請參考 66 頁製作）

◙ 做法 *Step*

1 —— 請將高筋麵粉、鹽、椰糖放進攪拌機的攪拌缸內，酵母也加入 ( 酵母請不要直接疊放在糖和鹽的上頭，以免影響後續發酵效果 )。

2 —— 加進無糖豆漿，以低速先攪拌 2 分鐘，大致攪拌成團就改成中速，麵團打到可以延伸拉起不輕易斷裂的程度、捏起來的軟硬度像耳垂即可。

3 —— 接著加入奶油，加奶油後先轉低速，攪拌 2~3 分鐘、奶油逐漸吃進麵團就可轉成中速，攪打成一個可以撐出薄膜的麵團。打好的麵團最好測試一下終溫，麵團建議終溫在 26~28° C 之間。

4 —— 將打好的麵團整理成表面光滑、束口朝下的圓團，放入塗抹一層薄薄奶油的圓盆內，覆蓋一層擰乾水份的濕布。

5 —— 放在溫暖處進行第一次發酵，約發酵 60 分鐘。第一次發酵時，麵團週圍的溫度建議控制在 30° C 、濕度約 70% 左右。

6 —— 將麵團移到工作台上，用手掌輕壓排氣 ( 若麵團較黏手可手沾薄薄高筋麵粉再接觸整型 )，將麵團秤重、分切成 9 顆重量均一的麵團，一一拍氣滾圓，蓋一層濕布防止麵團乾燥，等待 10 分鐘進行中間發酵。

7 —— 中間發酵好的麵團請逐一再輕壓排氣後滾圓，一一排放到墊有烘焙紙的烤盤上、送進溫暖環境進行最後發酵，發酵約 50 分鐘，這時建議的發酵環境溫度約 35°C 左右、濕度 80~85% 最佳。

8 —— 發酵好的麵團整盤取出、烤箱請以 190°C 預熱，待烤箱預熱時在麵團頂端的中央處用刀切出刀痕，刀痕裂縫處擺上約 5g 左右的香蒜奶油；全部麵團都擺上香蒜奶油後，在麵團上端噴灑一層薄薄的水，然後在每個麵團表面灑上少許起司粉，送進烤箱烤 16~18 分鐘，麵包必須烤到表面呈金黃色、底部也有層鮮明金黃烤色才可出爐。建議密封冷凍保存，保鮮可達一個月。

# 小麥胚芽奶油捲

　　這個奶油捲，比起一般的做法提升更多營養和纖維質，一顆僅 17g 醣。對於想瘦身的人，一餐吃一顆搭配滿滿蔬菜、足夠的高蛋白質食物，是非常完美的一餐，它本身也有很好的動物性油脂——天然奶油，不用擔心油脂不夠。

　　沒在減醣，但想吃的更健康，**這個奶油捲一餐吃上兩個也比一般的麵包更好**，因為它的成份都是精選之選，**增加了纖維質、去除了精緻糖**，做多一點冷凍起來，想吃的時候再解凍烤一下，反而省去時常不知道吃什麼的困擾。

🥜 材料 *Material*

| | | | |
|---|---|---|---|
| • 高筋麵粉 | 180g | • 鹽 | 2g |
| • 烘焙用杏仁粉 | 15g | • 無糖杏仁奶 | 90g |
| • 小麥胚芽粉 | 15g | • 全蛋液 | 50g |
| • 低糖速發酵母 | 2g | • 無鹽奶油 | 30g |
| • 椰糖 | 20g | | |

## ❂ 做法 Step

1 —— 將高筋麵粉、杏仁粉、小麥胚芽、酵母、椰糖、鹽放入攪拌機之攪拌缸，加進杏仁奶、蛋液。

2 —— 接著可以手或用機器揉麵，從低速攪拌 2 分鐘後，再轉中速，揉到表面光滑、成團的狀態。

3 —— 加入室溫融化的奶油進行第二階段揉麵，先低速攪拌至奶油大致與麵團融合，再轉中速，攪拌成表面光滑、可撐起薄膜的麵團。麵團揉好測試一下最終溫度，建議終溫在 26°∼28C 之間。

4 —— 將打好的麵團整理成表面光滑、束口朝下的圓團，放入塗抹一層薄薄奶油的圓盆內。

5 —— 放進溫暖處 ( 或具發酵功能的烤箱 ) 進行第一次發酵，約發酵 60 分鐘，發好的麵團約是原本的兩倍大。

6 —— 將麵團移到工作台上，用手掌輕壓排氣 ( 若麵團較黏手可手沾薄薄麵粉再接觸 )。

7 —— 將麵團先秤過，然後平均分割成 9 份，每一份都盡量相同重量。

8 —— 每團逐一拍氣滾圓，等待 10 分鐘進行中間發酵。

9 —— 將中間發酵好的麵團輕壓排氣，輕輕拍扁。

10 —— 轉過來捏成下尖上寬的蘿蔔型狀。

11 —— 每一個都是一樣的方式去拍扁、捏合，然後再蓋上擰乾水份的布，發
　　　酵 10 分鐘。

12 —— 然後將胖蘿蔔狀的麵團輕壓排氣、拍扁，轉過來順著捏成下尖上寬的
　　　長條蘿蔔狀。

13 —— 一條捏好就直接用雙手搓滾成細長條。

14 —— 柔滑面向上，先擀平上半部；接著一手輕握細端的麵團、然後從中央
　　　往下擀平。

15 —— 翻面 ( 接合處、粗糙面朝上 )。

16 —— 開始捲麵，首先先將上端先捲起一小段、輕輕壓合。然後保持力道均
　　　一整個捲起，捲成一個類似牛角的形狀，最後輕輕將尾端與麵捲本身
　　　捏合。

17 —— 每個麵團都擀捲好之後，放上鋪有烘焙紙的烤盤，每個麵團四週都要
　　　保持一定距離。

18 —— 將生麵捲的收口朝下擺放在墊有烘焙紙的烤盤上、送進溫暖環境進行
　　　最後發酵，發酵過程約 40~50 分鐘 ( 希望烤焙後捲痕明顯的話，這個
　　　過程只要發酵 40 分鐘就好 )。

19 —— 發酵好的麵團取出、烤箱請先預熱，烤箱先以 190°C 充份預熱。

20 —— 等烤箱預熱的時候，將剩下的蛋液先以濾網過濾再加入少許水，用羊
　　　毛軟刷沾，輕輕在生麵捲上刷一層薄薄蛋液。

21 —— 烤箱預熱好了之後，將刷好液體的奶油捲放入烤箱，190°C 烘烤
　　　10~12 分鐘，完成。建議密封冷凍保存，保鮮可達一個月。

# 減醣時的湯品

　　減醣時最推薦喝的湯品是清湯、蔬菜湯，至於濃湯也不是完全不能喝，只是一般的濃湯會加麵粉去爛炒，幫助提昇濃稠度，如此一來也讓醣份增高許多。**減醣時可改用原型食物所含的澱粉去取代麵粉，用植物奶替代乳糖含量高的鮮乳，調味的部份改添加更高的蔬菜量或加一些低升醣的天然代糖去提昇甘甜度。**

　　健康的吃依然能享受各類型的美味湯品，在家不妨多參考以下幾款湯品，等熟悉再延伸變化。

# 萬用雞高湯

家庭的高湯燉製不必太侷限，新鮮蔬果與肉骨、提香食材一起搭配，充份燉煮後自然鮮甘香醇，不僅單獨飲用十分美味，對於許多食物在焗炒、提味上更是加分。

這個做法，燉煮後的食材可以直接扔除，完全不用擔心浪費。

趁有空將基本食譜的份量乘以多倍製作、冷凍保存，有天然高湯讓美味料理的製作變得更容易，會發現原來天然的食物是可以這麼好吃的。

### 材料 *Material*

| | | | |
|---|---|---|---|
| • 雞骨 | 4 副 | • 月桂葉 | 1 片 |
| • 洋蔥皮 | 1 把 | • 胡椒粒 | 5 粒 |
| • 芹菜葉 | 1 把 | • 滷包袋 | 1 個 |
| • 紅蘿蔔皮 | 少許 | • 水 | 3000ml |
| • 馬鈴薯皮 | 少許 | | |

### 做法 *Step*

1 —— 雞骨先洗淨，放入湯鍋內，倒入略蓋過雞骨的水，煮到快沸騰即熄火，沖水洗去雞骨外表的浮沫，放置一旁備用（或是直接擺進烤箱，170°C 烤 10 分鐘）。

2 —— 將洗淨的蔬菜外皮和芹菜葉、月桂葉、胡椒粒放進滷包袋。所有的蔬菜皮和葉子都需充份洗淨，若不放心可選擇有機的。

3 —— 滷包袋與雞骨加上 3000ml 的水一起放入大湯鍋，以小火燉一個半小時。移除並過濾掉所有食材，天然的高湯可分裝冷藏或冷凍密封保存，冷藏建議五天內使用、冷凍可達一個月。

# 青醬田園蔬菜湯

　　對免疫力有幫助的蔬菜湯，在家裡我燉了至少十幾種版本。因為**蔬菜有滿滿的植化素，對於身體提昇抵抗力和減少發炎有很好的幫助，多喝還能抗癌**。盡量選擇有機無農藥、多一點顏色的蔬菜做搭配，注重時令吃最新鮮的，讓體質在好的食物照養下擁有天然保護力。

　　這個田園蔬菜湯，加入自己燉的雞高湯和青醬尤其爽口美味，實在沒有時間也可以選擇市售的無添加高湯和調味醬，以容易執行的方式去燉煮即可。

### ◆ 材料 *Material*

| | | | |
|---|---|---|---|
| • 洋蔥 | 半顆 | • 橄欖油 | 1 大匙 |
| • 櫛瓜 | 1 根 | • 鹽 | 1/2 小匙 |
| • 茄子 | 1 根 | • 巴薩米克醋 | 少許 |
| • 番茄 | 1 顆 | • 萬用雞高湯 | 1000ml |
| • 馬鈴薯 | 1 個 | • 青醬 | 1 大匙 |

### ◆ 做法 *Step*

1 ── 事先備好萬用雞高湯 ( 參考 160 頁 )、自製青醬 ( 參考 72 頁 )，洋蔥、櫛瓜、茄子、番茄、馬鈴薯洗淨切成丁狀。

2 ── 湯鍋內倒油，中火加熱後，放入蔬菜丁充份拌炒，接著加入高湯，煮至沸騰後轉成小火，繼續燉 10 分鐘。

3 ── 打開鍋蓋，加入鹽拌勻，熄火後加進青醬攪拌均勻，裝盛上桌，要喝之前淋少許巴薩米克醋提味即完美完成。

# 義式番茄蔬菜湯

　　是配餐、沾麵包或加螺旋麵都適合的湯，有蕃茄的酸、多種蔬菜不同層次的清甜，**可以一次補充多種營養素、維生素、茄紅素和纖維質**，隨著不同季節，也可再自行調整時令蔬菜做替代。要喝之前可以灑一些義式香料、黑胡椒，茹素的人也可以不加雞湯燉煮，滋味會較爽口清新。

## 材料 *Material*

- 洋蔥　　　　　1/4 顆
- 茄子　　　　　1 根
- 胡蘿蔔　　　　50g
- 南瓜　　　　　150g
- 青花椰菜　　　150g
- 萬用雞高湯　　500ml

- 原味番茄泥　　3 大匙
- 鹽　　　　　　1/2 小匙
- 義式綜合香草　少許
- 黑胡椒粉　　　少許
- 橄欖油　　　　1 大匙

## 做法 *Step*

1 —— 先將所有蔬菜洗淨，切成細丁狀備用。

2 —— 在湯鍋內倒一大匙油，放進洋蔥丁、胡蘿蔔丁後以中
　　　小火煸炒出香氣，直到洋蔥丁色澤變透明。

3 —— 接著放進茄子、南瓜丁拌炒 2 分鐘，加入番茄泥後先
　　　充份和鍋內蔬菜炒勻。

4 —— 加進萬用雞高湯 ( 做法請參考 160 頁 )，中火煮滾後轉
　　　小火，蓋上鍋蓋燉煮 15 分鐘。開蓋放入青花菜、鹽，
　　　拌勻後燉煮 5 分鐘，完成。

# 會呼吸的玉米濃湯

　　玉米濃湯是很多人煮濃湯的第一次，各種版本當中，居家我最推薦的是這道「會呼吸的玉米濃湯」相信我，燉過一回就再也回不去。它不只材料簡單、做法單純，重點是滋味啊滋味，那鮮甜、那香濃，可是美味到想旋轉飛舞呢！

**散放的鮮甜氣息就像玉米本人在身旁呼吸，就是這麼有靈魂。**

### 材料 *Material*

- 玉米　　　　　3 根
- 洋蔥　　　　　1/2 顆
- 鮮奶　　　　　700ml
- 無鹽奶油　　　30g

- 烘焙用杏仁粉　　20g
- 水　　　　　　700ml
- 鹽　　　　　1.3 小匙

### 做法 *Step*

1 —— 將洋蔥切成碎丁，玉米剝鬚洗淨，放在深型容器或大盆裡將玉米粒削下。**玉米梗絕對不能丟，請留住啊請留住！**

2 —— 將 2 根的玉米粒和鮮奶一起用果汁機或調理機打碎，另外一根刨下的完整玉米粒請保留備用。

3 —— 在鍋內注入 700ml 水，放入玉米梗後以中火煮至滾，轉小火續煮 15 分鐘熄火，煮過玉米的玉米高湯倒入一容器做備用。

4 —— 原本熬玉米高湯的鍋放入奶油，以中火稍微熱鍋，然後放入洋蔥轉中小火炒至透明軟透，灑入杏仁粉，轉小火，再拌炒 5 分鐘。

5 —— 玉米高湯倒入後攪拌均勻，轉中火，接著倒入含攪碎玉米的牛奶，煮滾後轉小火燉 5 分鐘。過程中請記得不時攪拌，最後加入剩下的玉米粒、鹽，攪拌一下再煮 3 分鐘，完成。

# 馬鈴薯蘑菇濃湯

誰說減醣不能喝濃湯，用原型食材馬鈴薯取代麵粉、製造自然濃稠度，是一個
天然的減醣方式，這個濃湯就是非常美味的示範。

除了馬鈴薯，隨著不同季節，也可以運用地瓜、南瓜、山藥或白花椰菜與其他蔬菜結合，創造各種不必靠高醣粉類就能完成的濃湯。

### 材料 *Material*

| | | | |
|---|---|---|---|
| • 洋菇 | 200g | • 萬用雞高湯 | 250ml |
| • 乾香菇 | 2 朵 | • 月桂葉 | 1 片 |
| • 洋蔥 | 1 顆 | • 無鹽奶油 | 15g |
| • 馬鈴薯 | 200g | • 鹽 | 2/3 小匙 |
| • 鮮奶 | 200ml | • 黑胡椒粉 | 少許 |

### 做法 *Step*

1 —— 洋蔥切成絲狀，洋菇切片，馬鈴薯洗淨削皮後切成塊狀，在湯鍋內加入奶油，中火熱鍋後，倒入洋蔥、洋菇、乾香菇炒出香氣，再加入馬鈴薯拌炒均勻，加入鮮奶、萬用雞高湯（做法請參考 160 頁）煮至沸騰。

2 —— 把步驟 1 的全部食材倒入調理機打成細緻糊狀（或用調理棒直接在鍋內打成湯糊）接著倒回鍋內，轉小火，加月桂葉燉煮 10 分鐘。

3 —— 打開鍋蓋，移除月桂葉，加入鹽和黑胡椒粉調味即完成。喝之前若想增添滑順口感，可再淋少許鮮奶油和幾滴松露橄欖油。

# 韓式辣醬魚片湯

帶有韓式風味,微辣中吐露味噌的芳醇,是既辛香又溫煦的美味。不習慣吃魚肉,也可將高蛋白質的食材替換成牛肉或豬肉,美味程度依然。

**這道湯品所含的辣椒元素對血液循環的促進具很好的效果，**對於溫暖身體、幫助代謝也有很好的幫助。

### 材料 *Material*

| | | | |
|---|---|---|---|
| ● 鯛魚片 | 200g | ● 味噌 | 2 大匙 |
| ● 洋蔥 | 1/2 顆 | ● 醬油 | 1.5 大匙 |
| ● 白蘿蔔 | 1/3 根 | ● 韓式細辣椒粉 | 1 小匙 |
| ● 黃豆芽 | 250g | ● 椰糖 | 1 小匙 |
| ● 韓式泡菜 | 100g | ● 酒 | 1 小匙 |
| ● 乾香菇 | 1 朵 | ● 白胡麻油 | 1 大匙 |
| ● 大蒜 | 2 瓣 | ● 水 | 1000ml |
| ● 蒜苗 | 1 根 | ● 鹽 | 少許 |
| ● 韓式辣醬 | 2 大匙 | | |

### 做法 *Step*

1 —— 魚片兩面灑少許鹽先醃漬 15 分鐘，洋蔥切成片狀，黃豆芽去除鬚根後洗淨，白蘿蔔洗淨削皮後切成薄片，大蒜切成片狀，蒜苗斜切備用。

2 —— 油倒入鍋內，中火熱鍋後，放入蒜片和洋蔥、蒜苗煸炒出香氣，接著加入泡菜、蘿蔔片和香菇拌勻，加入水後煮至沸騰。

3 —— 加入辣醬、味噌、醬油、辣椒粉、椰糖和酒，蓋上鍋蓋轉小火燉 10 分鐘。

4 —— 打開鍋蓋，轉中火，放入黃豆芽和魚片燉 5 分鐘，完成。

# 無砂糖點心

多年來常跟大家宣導的：**減醣並沒有任何特別之處，它就是一般的飲食，只是盡量不吃化學添加物、減少很多精緻澱粉和精緻糖。**

三餐之外，總有嘴饞的時候！偶爾在家裡儲備一些小點心吧，就算多吃了幾口也不用擔心，不妨再沏杯茶或來杯咖啡，坐下來盡情享受被眷顧的時光。

# 乳酪青蔥司康

你相信司康餅是可以不用麵粉也不靠砂糖製作的嗎？即使不含這些也能美味又可口。這是一道鹹口味的小點配方，當你想吃原味時，只要不放青蔥和起司粉即可。鼓勵你一定要嘗試看看這個風味，感受一下原來減醣點心也能瀰漫如此美好的幸福香氣。

### 🥄 材料 *Material*

| | | | |
|---|---|---|---|
| • 烘焙杏仁粉 | 90g | • 鹽 | 1g |
| • 全麥麵粉 | 10g | • 白胡麻油 | 20g |
| • 起司粉 | 10g | • 無糖豆漿 | 20g |
| • 無鋁泡打粉 | 5g | • 青蔥 | 半枝 |
| • 椰糖 | 12g | | |

**做法 Step**

1 —— 在攪拌盆放入杏仁粉、全麥麵粉、起司粉、泡打粉、椰糖、鹽，用手順時針攪拌混合。

2 —— 加入白胡麻油、無糖豆漿以及切碎的蔥花，以矽膠刮刀大致切拌均勻。

3 —— 取出麵團放置工作平檯上，摺疊成團後再來回按壓，重覆摺疊與按壓的動作數次，直到麵團變柔滑。

4 —— 整理成圓團後擀平，以刀子平均切成六份，放置在墊有烘焙紙的烤盤上。

5 —— 烤箱以 190°C 預熱好，放進烤箱中層，設定 190°C 烘烤 12 分鐘，至表面及底部呈現金黃烤色即可出爐。

# 美式藍莓小瑪芬

一般的瑪芬蛋糕都是選擇低筋麵粉製作，其實**換成低醣的杏仁粉也能做出口感香醇、每一口都很滿足的小蛋糕**。做為早餐或下午茶都很適合，由於加了新鮮的藍莓，無法一口氣吃完的部份記得要密封後放冰箱冷藏，建議三天內吃完最為美味。

### 🫘 材料 *Material*

- 烘焙杏仁粉　　　150g
- 無鋁泡打粉　　　　6g
- 無鹽奶油　　　　45g
- 白色椰糖　　　　45g

- 雞蛋　　　　　　1 個
- 無糖杏仁奶　　　100g
- 藍莓　　　　　　100g

### 🫘 做法 *Step*

1 —— 請先將杏仁粉和泡打粉一起用網篩過濾成細粉，放置一旁備用。

2 —— 奶油請以低瓦數微波 1 分鐘 ( 或是隔水加熱 ) 融化，倒入一個攪拌盆內，加入白色椰糖，以打蛋器打到糖融解。接著倒入一半蛋液，充份攪拌均勻才再加入另一半蛋液，攪拌到完全融合。接著杏仁奶也是分兩批倒入，攪拌均勻，再分兩次將步驟 1 的粉類加入後充份攪拌。

3 —— 準備一個六格的瑪芬蛋糕烤模 ( 或是烤盅 )，每一個烤模內放入瑪芬烤紙，接著在每格之內舀入一半的蛋糕糊，平均擺入藍莓，再舀入另一半的蛋糕糊。

4 —— 烤箱以 170°C 預熱好，放進烤箱中層，設定 170°C 烘烤 26 分鐘。烤好後將一支竹籤插進瑪芬中心，拔出竹籤若無濕黏蛋糕糊代表熟透，瑪芬表面呈現金黃烤色即可出爐。

# 抹茶巴斯克乳酪蛋糕

乳酪蛋糕非常適合做成減醣版的點心,低澱粉、不需發酵,所以很容易製作,也能依據個人喜好調整成各式各樣的風味。

　　原味是很常見的口味,吃膩了不妨換成含抹茶或焙茶風味的巴斯克乳酪蛋糕,滋味清新雅緻,每一口的尾韻更加爽口。

## 🍂 材料 *Material*

| | | | |
|---|---|---|---|
| • 奶油乳酪 | 250g | • 無糖優格 | 70g |
| • 赤藻醣醇 | 70g | • 烘焙用杏仁粉 | 20g |
| • 雞蛋 | 2 顆 | • 抹茶粉 | 7g |
| • 鮮奶 | 50ml | | |

## 🍂 前置作業 *Pre-work*

1 —— 雞蛋、奶油乳酪、鮮奶、無糖優格請先從冰箱取出,靜置恢復室溫。

2 —— 雞蛋敲殼後打進一個調理盆內,奶油乳酪放在另一個寬且深的調理盆中。

3 —— 撕一塊烘焙紙,用手揉捏後展開鋪入活動式的 6 吋蛋糕烤模內。

### ◔ 做法 *Step*

1 —— 將赤藻醣醇加進蛋液內充份攪拌均勻備用。

2 —— 用打蛋器將奶油乳酪充分攪拌軟化，使用電動打蛋器請從低速開始，打軟後才漸漸轉到中速，過程中請適時將盆邊濺起的材料刮一刮，向盆中央集中。

3 —— 攪拌好糖的蛋液分 2~3 次加進奶油乳酪中，每一次充分和奶油乳酪混合、攪拌均勻後才倒下一批。

4 —— 接著分批加入鮮奶和無糖優格，每一次都需充分攪拌融合才再加下一批次。

5 —— 抹茶粉與杏仁粉一起過篩加進蛋糕糊內，攪拌均勻，全部的蛋糕糊需再一次過篩才倒進鋪好烘焙紙的蛋糕模中。

6 —— 烤箱預熱設定 210°C，將蛋糕模擺上烤盤，進烤爐的中或下層烤 28 分鐘。

7 —— 出爐後連模子放在烤架上，靜置室溫中 1 小時冷卻，密封放進冰箱冷藏到隔天即可食用，冷藏請於三天內食用完畢。

 **小叮嚀**

① 若需要加入餅乾底或是紅豆泥，請在鋪好烘焙紙到烤模內後就先加入。6 吋蛋糕的餅乾底，建議選擇全麥餅乾 55g、無鹽奶油 15g，奶油微波融化後跟碾碎的餅乾混合，倒入烤模內壓平，壓好餅乾底後，冷藏一小時凝固後再取出，此時倒入蛋糕糊後即可進行下一步烘烤，做出的乳酪蛋糕就會附加一層酥酥的餅乾底，層次口感更鮮明。

② 想再加入紅豆，請於鋪好餅乾底後再鋪上重量 150~200g 的紅豆泥，鋪好之後一樣要冷藏一小時後才倒入蛋糕糊等進行烘烤。

# 燕麥片餅乾底

　　想增加蛋糕口感的層次時，選擇在蛋糕底部加一層餅乾底是製作甜點常見的方式。採用自己動手做、含有全麥麵粉和麥片的餅乾底，不含砂糖、纖維質增加，口感依然香脆，樸實馨香，直接吃也很美味。

　　這個自製餅乾底，拿來結合於不同種類的乳酪蛋糕中，或是捏碎後跟冰砂、優格混合、做為盆栽蛋糕的裝飾等都很好運用。

## 材料 *Material*

- 低筋麵粉　　80g
- 全麥麵粉　　20g
- 燕麥片　　　20g
- 鹽　　　　　2g

- 椰糖　　　　15g
- 白胡麻油　　30ml
- 無糖豆漿　　30ml

## 做法 *Step*

1 —— 先將麵粉、麥片、鹽、椰糖放入調理盆，將手放入像畫圓圈那樣拌均勻，再倒入白胡麻油，倒入後一樣用手輕輕畫圓將油與粉拌勻，但請不要過度攪拌以免粉團滲油。

2 —— 粉大致與油融合後，請用雙手輕輕搓揉盆內的粉團，讓它們變得鬆散，呈現粉粒狀。

3 —— 倒入無糖豆漿，劃圓般拌勻，把粉團輕輕搓拌成餅乾麵團，揉至盆內沒有殘留乾粉即可，不要過度揉捏。

4 —— 烤箱先以 170°C 預熱，接著直接把餅乾麵團放在烘焙紙上，以擀麵棍擀平成長方形的餅皮，厚度盡量平均，約 0.4~0.5cm 厚，在擀好的餅皮上以叉子均勻淺叉一堆細孔，可幫助餅乾烤透（烤好後會弄碎做成餅乾底，所以擀的時候不用刻意講究外型的美觀，但是請注意厚度要均一，以免烤出熟度跟色澤不一的餅乾）。

5 —— 全麥餅皮連同烘焙紙擺置於烤盤，送進烤箱上層，以 170°C 烘烤 30 分鐘。

6 —— 烤好後從烤箱取出，連同烤盤放在網架上冷卻後即可食用，室溫內密封可保存 3～5 天。

7 —— 用麥片餅乾做餅乾底，請先將餅乾掰成小片後，放進密封保鮮袋裡用擀麵棍碾碎，或是用調理機打碎都可以。混合隔水加熱或微波後融解的奶油再壓成餅乾底，就能讓乳酪蛋糕更有層次、口感滋味都更美味。

 手邊若沒有燕麥片，也可以用同等份量的烘焙用杏仁粉或打碎的核桃粉替代。

# 植物奶冰淇淋

　　這個冰品配方容易製作又能降低乳脂肪攝取，而且可以將材料中的植物奶換成自己喜歡的種類做替代，**建議可用無糖的豆漿、杏仁奶、堅果奶或腰果奶做替換**，單獨享用或是搭配其他健康烘焙的點心、飲品都很適合。

## 材料 *Material*

| | |
|---|---|
| ● 無糖堅果奶 | 600g |
| ● 動物性鮮奶油 | 200g |
| ● 赤藻醣醇 | 120g |

## 做法 *Step*

1 —— 堅果奶選擇市售的或是參考本書 197 頁製作皆可，將所有材料倒入小湯鍋，以小火煮滾後，靜置冷卻，倒入淺型的大尺寸密封保鮮盒內 ( 或是分裝成兩個保鮮盒 )，冷凍一天。

2 —— 以不鏽鋼製刮刀將冷凍後的植物奶冰磚切割成小塊狀，放進調理機以瞬轉功能轉幾下打成泥，再倒入密封保存盒內冷凍凝結，完成，冷凍可保存一個月。

# 法式香草冰淇淋

　　炎熱的天氣好想吃冰喝涼的，既冰又甜的誘惑會讓人一不小心越吃越多。但就真的很熱啊，有沒有能夠安心吃、一樣美味、少了許多負擔的做法呢？這個法式香草冰淇淋，**吃起來跟某知名進口品牌非常近似，但這配方裡頭是不含砂糖的，既然都要自己動手了，就做安心、不易導致肥胖的美味版本吧。**

完成之後單獨吃是香濃的幸福，加一些水果或是減醣的甜點會更豐富，也很適合舀一球冰淇淋加一小杯濃縮咖啡，搖身一變即變身成義大利式的成熟飲品－阿法淇朵 (affogato) 香醇濃縮的咖啡香搭配香醇的冰淇淋，完美的搭配，請一定要試試，會幸福到瘋狂！

### 材料 *Material*

| | | | |
|---|---|---|---|
| • 蛋黃 | 4 顆 | • 動物性鮮奶油 | 400g |
| • 赤藻醣醇 | 120g | • 天然香草精 | 5g |
| • 鮮奶 | 400g | | |

### 做法 *Step*

1 —— 在調理盆內放入蛋黃、加進赤藻醣醇後用打蛋器打發，打到有點泛白色就可以停止，使用電動打蛋器請用中低速攪打。

2 —— 另外備一個煮鍋，加進鮮奶、鮮奶油、香草精攪拌一下，開中火煮到快煮沸的狀態 ( 鍋面邊緣的液面冒泡 )，實際測量溫度約 90℃。然後把這些液體倒進上一個步驟的蛋黃糖液內快速攪拌，再將所有液體全倒回鍋子裡繼續煮。

3 —— 倒回鍋子續煮時請開小火並不時攪拌，煮到有點凝縮成糊狀，在木匙上的液體用手指刮過會留下明顯刮痕，達到這樣的狀態即熄火。

4 —— 鍋子底下墊一個加水的大冰盆，攪拌到液體徹底降溫、摸起來有點冰的狀態即可。

5 —— 準備兩個大的長型保鮮盒，分兩盤倒入冰淇淋液，液體在盒內的高度必須是淺的狀態。

6 —— 蓋上蓋子或包上保鮮膜放入冷凍庫，直到完全冷凍。取出凝固的冰淇淋，用刮刀或刀子切成小方塊狀。

7 —— 將方塊狀的冰磚倒入調理機打成冰砂，再倒出放進保鮮盒密封，徹底冷凍後即完成。

# 古典核桃巧克力蛋糕

　　口感介於生巧克力與大量麵粉製作而成的蛋糕之間，是一份濃郁得恰到好處，可以常溫享用也能冷藏後再享受的甜點。選擇分蛋式（蛋黃和蛋白分開打發）的製程製作，讓口感更加輕盈濕潤，濃得化入心底的香濃可可滋味，巧克力控絕不能錯過。

　　**此款配方不含麵粉也不含砂糖**，巧克力的苦甜程度也可依據自己喜好做調整，搭配咖啡或紅茶都是高級的享受，平時品嘗或節慶送禮都再適宜不過，是一款絕對值得挽袖動手的美味甜點。

### ◗ 材料 A *Material*

| | |
|---|---|
| • 黑巧克力 ( 可可含量 85%) | 100g |
| • 無鹽奶油 | 80g |
| • 蛋黃 | 4 個 |
| • 椰糖 | 60g |
| • 無糖杏仁奶 | 90g |
| • 無糖可可粉 | 40g |
| • 烘焙杏仁粉 | 20g |
| • 核桃 | 30g |

### ◗ 材料 B *Material*

| | |
|---|---|
| • 蛋白 | 4 個 |
| • 椰糖 | 60g |

## ◉ 前置作業 *Pre-work*

1 —— 雞蛋、杏仁奶、奶油請先從冰箱取出，靜置恢復室溫。

2 —— 可可粉與杏仁粉請先過篩備用。

3 —— 取一個可脫模的 6 吋活動式蛋糕模，先在底部塗抹一些奶油後擺上圓形的烘焙底紙，模型內側也抹一層薄薄奶油，烤模外層包覆 3 ～ 4 層的錫箔紙。

## ◉ 做法 *Step*

1 —— 取一個調理盆，將黑巧克力掰碎後放入盆內送進微波爐，以中瓦數的微波加熱 1 分鐘 30 秒，取出調理盆後加入奶油，拌勻成流動的狀態後放置一旁備用。

2 —— 再拿一個寬大調理盆，盆中加入蛋黃，分兩次將材料 A 的椰糖以手動的打蛋器加入攪拌均勻，直到糖充份融解變濃稠的狀態。接著將步驟 1 的巧克力蛋液分 3 次加入，每一次都要充份攪拌融合才再繼續加。接著分 2 ～ 3 次加入杏仁奶，一樣是攪拌融合才再加下一批。

3 —— 分兩次將過篩的可可粉和杏仁粉加進步驟 2 的盆內，充份攪拌成看不見粉粒的巧克力糊。

4 —— 另外取一個調理盆，加進蛋白，先以電動打蛋器用低速打到呈現粗大的泡泡狀態，接著分 3 次加入材料 B 的椰糖，以中低速順時針打發，直到蛋白變成可以稍微拉出勾狀的尖角，外觀需呈現帶光澤的細緻狀態，不要打到過發。

5 —— 啟動烤箱，設定 160°C 預熱。分 3 ～ 4 次將步驟 4 的蛋白霜加進步驟 3 的巧克力糊內，用手動打蛋器充份攪拌均勻。接著將完成的蛋糕糊倒進蛋糕烤模內，輕輕往桌面震幾下，接著將核桃切碎、均勻灑在表面。

6 —— 圓型蛋糕烤模放進一個調理盤內，在調理盆中加入高度約 2 公分的沸騰熱水，一起放上烤盤，送進烤箱的下層，160°C 烘烤 36 分鐘，烤好後用竹籤往蛋糕中央刺入，拔出沒有沾黏的濕蛋糕糊就代表已烤透，取出放置冷卻架上，等冷卻固定後即可脫模享用。濕潤又綿密、微苦香甜的巧克力蛋糕就這樣完成了，密封冷藏可保存三天。

# 飲品

坊間流行的植物奶，機能養生又可直接當一餐的綠拿鐵，這幾年十分流行，市售有非常多的品牌選擇，然而試過無數款還是覺得自製最新鮮可口，可以保證完全無添加。只要有時間我都會盡量抽時間親手製作，除了可享受最佳風味和自己搭配的樂趣，還能更貼近家人的口味，可自由調整又安心。

# 減醣好好綠拿鐵．
# 我對排毒綠果昔的迷戀

綠拿鐵是一種加了蔬菜與堅果、好油或植物性蛋白質、穀粉等融合的綠色果昔，對於身體吸收多方面的營養有很好的幫助。尤其是**不喜歡吃蔬菜的人，可以藉由細緻香甜的綠拿鐵一飲而入、快速攝取多重養份。**

一般的綠拿鐵是水果比例遠超過蔬菜的，然而水果雖含有身體必需的維生素，但其中所含的果糖也不可小覷，減醣的族群會建議水果要經過調控，讓綠拿鐵的口味與醣份取得一個平衡，對於身材的管控會較有助益，直接做為一餐也是相當好的天然代餐。

**精選居家最適合經常自製的減醣綠拿鐵，全都是1至2人的份量，可以當成晨起的飲品或搭配餐點做套餐組合。若要做為代餐，擔心蛋白質攝取不足的話，可另外食用高蛋白質的食物或是加一匙大豆蛋白粉一起攪打在綠拿鐵內。**

初始是為了家人健康或偏食的情況而選擇綠拿鐵，後來發現對於瘦身有很好的幫助，貪嘴吃肥的時候，晚餐或一天之中的其中一餐我會以綠拿鐵做清腸排毒的選擇，不僅有很好的效果，還能促進代謝、減少過敏發炎，好處實在太多，就這樣迷戀上了 ( 笑 )。

對了，**蔬果汁最好趁剛打好的 15 分鐘內飲用，**這樣鮮度和養份吸收才能保持在最佳狀態。

# 葡萄柚芹香綠拿鐵

### 🫘 材料 *Material*

- 高麗菜　　　　50g
- 芹菜　1 段 ( 約 10 公分 )
- 葡萄柚　　　　1 顆
- 鳳梨　　　　　80g
- 胡蘿蔔　　　　20g
- 腰果　　　　　10g
- 冷開水　　　250ml

### 🫘 做法 *Step*

1 —— 葡萄柚剝去外皮、切成小塊，鳳梨切塊，高麗菜與芹菜洗淨後以沸騰的水汆燙 20 秒後撈出放置冷卻。

2 —— 將所有材料加進調理機，充份攪打成細緻的蔬果汁，完成。

# 完美比例羽衣甘藍綠拿鐵

## ❂ 材料 *Material*

- 羽衣甘藍　　　　　50g
- 蘋果　　　　　　　120g
- 柳橙　　　　　　　100g
- 無調味的綜合堅果　10g
- 冷開水　　　　　　250ml

## ❂ 做法 *Step*

1 —— 羽衣甘藍切除根部，洗淨後以沸騰的水汆燙 20 秒後撈出冷卻，蘋果與柳橙去皮後切成塊狀。

2 —— 將所有材料加進調理機，充份攪打成細緻的蔬果汁，完成。

# 藍莓香蕉拿鐵

### 🫘 材料 *Material*

| | |
|---|---|
| • 生菜 | 50g |
| • 藍莓 | 100g |
| • 蘋果 | 60g |
| • 香蕉 | 60g |
| • 核桃 | 10g |
| • 冷開水 | 300ml |

### 🫘 做法 *Step*

1 —— 生菜洗淨後以沸騰的水汆燙 20 秒後撈出冷卻，藍莓洗淨備用，蘋果與香蕉去皮後切成塊狀。

2 —— 所有材料加進調理機，充份攪打成細緻的蔬果汁，完成。這款打好之後要比其他口味更快一些飲用，避免久置凝結而影響口感。

# 潮流植物飲品植物奶

　　植物性的飲品會逐年受到重視，最主要的原因，源於現代有許多蔬食主義或素食的需求，或是對牛奶成份過敏或乳糖不耐症而興起，**植物奶的營養成份和微量元素、纖維質等都更為提昇。**

　　植物奶的類型非常廣泛，其中像我們大家從小喝到大的豆漿就是代表性的第一名，另外流行的堅果奶、燕麥奶、杏仁奶等，分別是堅果和全穀食物界的代表性植物飲品，經過加工萃取後，喝起來十分滑順，但市售的包裝製品難免含有經過核准的額外添加，甚至有些加了不必要的香精、製造濃稠度的成份或過多的油脂、澱粉等等，可以的話會鼓勵回歸自製，不僅喝起來更安心，還能感受到原始食材本來的面貌風味。

　　**要特別注意的是，居家自製植物奶有個很重要的重點就是「浸泡食材」！這樣可以讓植酸釋放出來、材料也能充份軟化後更容易攪打。**由於植物種子或穀物中的植酸是一種抗營養素，會阻止某些礦物質 ( 例如鐵、鋅、鈣和錳 ) 等的吸收，藉由充份浸泡讓它釋放，這樣才能大量去除植酸唷。

　　居家植物奶的製作全都沒有額外加任何糖份，若口味上習慣要有些甜度，建議可以加一些椰糖調味。

# 無糖豆漿

### 🫘 材料 *Material*

- 非基因改造黃豆　　100g
- 開水　　　　　　　1000ml

### 🫘 做法 *Step*

1 —— 黃豆洗淨,加入比黃豆多三倍的水量, 密封冷藏浸泡一晚(或至少 8 小時)。

2 —— 浸泡過的黃豆再次洗淨、瀝除水份,充 份加熱蒸熟之後與煮開過的開水一起 放進調理機,打到均勻細緻後即可飲 用,密封冷藏可保存五天。

**小叮嚀** 浸泡後的黃豆也可使用豆漿機自動烹煮跟攪打,這樣就不需要額外 再另外煮黃豆,可依使用習慣去抉擇煮豆漿的方式。

# 南瓜豆漿

### 🫘 材料 *Material*

- 無糖豆漿　　　　500ml
- 南瓜　　　　　　50g

### 🫘 做法 *Step*

將去皮、去籽的南瓜塊蒸熟，與豆漿一起攪打
細緻即可飲用。

 也可以用同樣份量的地瓜或芋頭蒸熟後取代南瓜，做成地瓜豆漿或
是芋頭豆漿。

# 杏仁奶

### 🫘 材料 *Material*

- 杏仁果　　　　　　60g
- 紅棗　　　　　　　2 顆
- 冷開水　　　　　　500ml

### 🫘 做法 *Step*

1 —— 杏仁果洗淨，加入比杏仁果多一倍的水量，密封冷藏浸泡一晚（或至少 8 小時）。

2 —— 冰箱取出後將杏仁果用開水再次洗過，與冷開水一起加進調理機，打到均勻細緻後即可飲用，密封冷藏可保存五天。

# 堅果奶

**材料** *Material*

- 綜合無調味堅果　　25g
- 冷開水　　　　　　500ml

**做法** *Step*

1 —— 堅果洗淨,加入略蓋過堅果的水量,密
　　　封冷藏浸泡一晚 ( 或至少 8 小時 )

2 —— 冰箱取出後將堅果用開水再次洗過,與
　　　冷開水一起加進調理機,打到均勻細緻
　　　後即可飲用,密封冷藏可保存五天。

# 燕麥奶

### 🫘 材料 *Material*

- 即食燕麥片　　　25g
- 冷開水　　　　　300ml

### 🫘 做法 *Step*

1 —— 燕麥片洗淨，加入 500ml 冷開水，密封冷藏浸泡一晚 ( 或至少 8 小時 )。

2 —— 冰箱取出後將吸水膨脹的燕麥用開水再次洗過過濾，與 300ml 冷開水一起加進調理機，打到均勻細緻後即可飲用，密封冷藏可保存五天。

篇章四

# 在家必備的四款好喝咖啡
## ＿與推薦入門設備

HOME

COFFEE

MENU

　　沒有嚴肅的框架，在家喝咖啡的樂趣就在於無比自由，跟親自下廚相仿，如同熟悉食材的過程，自己沖煮能更加瞭解每種咖啡豆豆源與器具，可以靜下心來調和喜歡的風味、激發各種創意。

　　好咖啡的定義不限於使用多昂貴的咖啡豆或是多高級的器具，最重要的是—「味覺」，必須是發自內心接受且喜愛，喝下之後忍不住讚嘆：「真好喝啊！」以這個原始的感覺出發去摸索、去感受，自己喜歡的就是好咖啡。

　　有些人享用美食一定要選瓶佐餐的好酒，其實咖啡既適合單獨品飲也很適合搭配餐點呢。

　　**這裡將四款居家好喝的咖啡筆記公開，並分享多年經驗之下最適合入門的基本設備、推薦咖啡豆們。**

# 冰咖啡

### ◉ 比例 *Proportion*

1 ── 手沖萃取比例是咖啡粉：
　　　注水量 =1：10，可得到
　　　較濃厚的咖啡液。

2 ── 適量加入冰塊即可。

# 手沖咖啡

### ◉ 比例 *Proportion*

1 ── 手沖萃取比例是咖啡粉：
　　　注水量 =1：15。

2 ── 淺烘焙咖啡建議水溫為
　　　90~92℃。

3 ── 中深~深烘焙咖啡，水溫
　　　建議 86-88℃。

# 拿鐵咖啡

🫘 比例 *Proportion*

1 —— 咖啡濃縮液 36ml。
2 —— 加入細緻綿密的溫熱牛奶
　　　奶泡 250 ml。

# 卡布奇諾

🫘 比例 *Proportion*

1 —— 濃縮咖啡 30 ml。
2 —— 加入厚實略粗的奶泡和
　　　牛奶 180 ml。
3 —— 上面灑肉桂粉少許。

# 入門挑選建議

咖啡的好壞，從豆子就開始決定。豆子的焙度深淺、處理法都影響咖啡的風味。每個人喜歡的咖啡風味都不同，可以先從店家的推薦款、平價的入門開始品嘗，多嘗試不同風味，漸漸就能找出專屬自己喜好的烘焙深度，也能逐漸分辨不同咖啡的特色。

剛開始先從少量的半磅或 1/4 磅選購，就像結識新朋友一樣，要多認識、慢慢培養關係，瞭解相處上是否適合。保持新鮮度也會建議每次少量購買，隨著飲用的需求變高再思考購買數量的調整。

家裡若還沒有購置研磨咖啡豆的設備，建議可以先請店家依據自己常沖煮的方式去研磨適宜的咖啡粉粗細。等預算足夠會比較推薦選購含有磨豆槽的咖啡機，或是獨立型的專業磨豆機，喝多少磨多少咖啡粉，不只保鮮，研磨時的香氣更是一大享受。

---

( KEY TITLE )

## 推薦咖啡豆

時常採用手沖、虹吸式咖啡壺或美式咖啡機煮咖啡，比較建議挑選中或淺烘焙的咖啡；喜歡濃縮咖啡、特調咖啡，中或深烘焙的豆子較適合。

以下這幾款是我常在家裡購買的選項：

## 巴西伊帕內瑪莊園 陽光日曬 / 黑沃咖啡

◆ 處理法：日曬 / 中深烘焙
◆ 風味描述：巧克力 / 堅果 / 焦糖 / 香草
日曬的咖啡豆喝起來口感飽滿、甜味濃郁。

　　一開始不明白自己的喜好，可以這款為基礎先品嘗感受，這是十分適中的風味，不酸不苦，平衡中帶有自然圓潤的成熟香氣，尾韻轉甘，喝起來就像被溫暖的陽光煦煦照耀，是滿滿的幸福感。是大部分的人都會喜歡的風味。

## 瓜地馬拉 微微特南果 / 黑沃咖啡

◆ 處理法：水洗 / 中深烘焙
◆ 風味描述：糖炒栗子 / 黑糖 / 堅果 / 橙皮乾
水洗的咖啡豆喝起來風味乾淨明亮、口感偏酸。

　　適合喜歡咖啡果酸的人，很多人的刻板印象對強調具有酸度的咖啡等於不好的咖啡，可能是因為曾經喝到品質低劣而產生臭酸的情況而心生畏懼。其實在處理上充份吸收果酸、烘焙得當的咖啡，酸度反而餘韻無窮。這款的果酸帶有柑橘類水果熱情又美妙的成熟風味，因為香氣跟甘度都很適中，尤其帶有獨有的堅果香，可以改變不喜歡酸咖啡的印象，值得嘗試。

## 巴拿馬哈特曼莊園 卡杜拉＋卡杜艾 /VWI by CHADWANG

◆ 處理法：日曬 / 中深烘焙
◆ 風味描述：葡萄乾與紫葡萄、普洱茶尾韻、李子酸質,如酒香般的圓潤風味。

　　相當精緻的品質,其酸度表現成熟,具有多層次的葡萄與李子氣息,交織出宛若葡萄酒的發酵尾韻。如前面所述,好的咖啡製程與烘焙的掌控,能讓果酸的表現很迷人,不妨多去感受看看。

## 宏都拉斯 小丑帕卡斯 / Mojocoffee

◆ 處理法：水洗 / 中烘焙
◆ 風味描述：楓糖、榛果、杏仁、蘋果

　　口感明亮、果酸量豐富,喜好自然果酸中帶有溫潤的馨香。
　　對於喜愛果酸風味的人而言,這一款小丑就是喝了會讓人不由自主微笑的享受。

KEY TITLE

# 手沖咖啡適用器具

**濾杯** 濾杯是左右咖啡風味的關鍵之一。杯體形狀、溝槽設計和出水孔大小等等都會影響手沖出的風味。

### 錐形濾杯 /HARIO V60

是許多人學手沖第一個購買的濾杯,濾杯內壁的螺旋狀弧形溝槽,能讓水順利滲透咖啡粉,降低過度萃取的風險。沖煮出的咖啡風味明亮乾淨,相當適合淺烘焙、中烘焙的咖啡。

### 扇形濾杯 /Kalita HASAMI

這款日本波佐見燒製的三孔版本,大大改良了傳統梯形濾杯的慢流速。溝槽紋理鮮明,並以多角度排列。內底部出水孔之間加了四粒凸點,使濾紙不會貼實造成真空,能讓咖啡更容易流動。風味呈現方面,口感銳利明亮、層次豐富,後半段較厚實,較適合淺烘焙、中烘焙的咖啡豆。

## 波浪濾杯 /Kalita

　　這款是融合了錐形濾杯濾泡效果 + 改良梯形濾杯的浸泡效果、搭配具有二十道立體摺子的濾紙，打造出排氣通道，讓注入的熱水能以離心狀擴散並滲透，咖啡粉也因此更可以被均勻萃取。

　　平底的設計還能穩定流速，而因為沖煮較偏向浸泡式，故咖啡體層次較不明顯、風味較均勻。適合中烘焙、深烘焙咖啡豆。

**濾紙**　濾紙分漂白和無漂白。漂白：濾紙看起來潔白。品質好的白色濾紙都使用酵素漂白，不需擔心化學物質溶入咖啡。無漂白：原木色濾紙，少了漂白的過程。紙味較重，沖泡咖啡時須充分用開水浸濕濾紙，減少紙的味道進入咖啡中。

### 錐形濾紙

　　對應的即是流速快、可以淬取出輕盈口感的 HARIO V60 錐形濾杯。

### 扇型濾紙

　　適合用於層次豐富的的扇形濾杯。

### 蛋糕形濾紙

　　搭配波浪濾杯，有二十道立體摺子，以避免濾紙服貼於杯身，讓空氣與水順暢流通，過濾的咖啡風味是三款濾紙中相對均衡的。

**磨豆機** 常見的有手搖跟電動兩種類型。

手搖磨豆機攜帶方便、研磨過程雖然比較花時間和力氣，但也很紓壓。

電動磨豆機：一般可分為平刀、錐刀以及鬼齒三大類，各有其不同風味的表現。

### 手搖磨豆機 /1Zpresso K plus 系列

當初第一個愛上的是它的直調式設計。從外側就可以輕鬆調整刻度。獨特的是它特製的不鏽鋼 K 刀，可研磨義式咖啡機用的細粉。最大容量達40g。另外磁吸粉瓶一轉即開。

### 電動磨豆機 / 小富士磨豆機 R-220

高性能、結構堅固耐用、操作效率高、研磨均勻、細粉少，煮出的咖啡風味佳，與專業咖啡館的研磨品質相近。明亮、層次豐富，後半段較厚實，較適合淺烘焙、中烘焙的咖啡豆。

手沖壺

## 棉花罐細口手沖壺 /Virus Dripper

造型如棉花罐，全不鏽鋼打造，僅 4mm 內徑的壺嘴，能輕鬆控制水柱在極小流速，不會讓水柱斷斷續續，忽大忽小，非常適合初學者。

## 電子溫控手沖壺 / FELLOW

溫控系統能精確控制水溫，旋轉式的調節鈕能快速設定所需溫度。手把的配重將重心移往手握的地方能更輕鬆控制出水量。

### 咖啡壺

### 雲朵 V60 咖啡壺 /HARIO

雲朵的弧度，除了具有時尚美感外，也更容易產生光線折射，讓玻璃更通透明亮。熱水注入時，因壺身的弧度容易凝聚水汽，似雲朵般夢幻。

### 藤編手柄耐熱玻璃咖啡壺 / 日本 GSP 燕印與 Kalita 合作

被這藤編手把深深吸引了！無論造型與品質都是適合居家使用的，藤編纏繞的手把更有家的溫度。

### 櫻花木把下壺 /KONO

輕巧好握取，手把的天然木紋與色澤獨一無二，使用一段時間後，顏色會依照每個人的使用習慣而改變，慢慢成為專屬於自己的咖啡器具。

# 日本主婦の収納美學

讓新手也能輕鬆收納不NG

## tosca儲物二合一收納組

27Ｌ大容量收納，讓居家空間更乾淨清爽！箱門為磁吸設計，單手輕鬆開合，原木桿不刮手！上方可放烤麵包機、咖啡機等小型廚房電器。

## tower立式磁吸面板架

輕鬆省空間！自行搭配磁吸用品，輕鬆收納料理工具、鍋蓋架、調味料小物...等，優雅料理之外，還能維持廚房整潔！讓家中空間多更多。

## tower伸縮式收納盒

任意伸縮，完美配合抽屜大小，可伸縮寬度約25～45cm！分隔收納餐具、化妝品、文具等，上層移動式透明托盤讓你拿取不費力。

## tower多功能海綿收納架

特殊３格掛鉤設計，可輕鬆收納海綿、瓶刷、杯刷！也能瀝乾瓶罐、托盤...等，收納的同時也可瀝水，讓流理台常保持乾爽。

## tosca刀具砧板架

可同時收納多個刀具與砧板，簡約線條通風佳、不藏污！輕鬆打造愉快的烹飪時光，為居家空間增添時尚感。

## tosca三格盤架

餐盤直立收納，拿取更方便！專屬膠條保護，盤子止滑不碰傷。三個分格，輕鬆拿取想要的盤子！北歐風原木手把好搬移。

紐約生活餐廚首選品牌

**新上市**

# 隨行密封保鮮盒
# 健康食尚
# 新選擇

自帶便當好健康，
透明上蓋食物清晰可見，
貼心的分隔/分層設計更靈活運用，
盒身設計可輕鬆堆疊好收納，
減少一次性餐具使用環保愛地球。

| 可放置<br>冷凍庫 | 可放置<br>微波爐 | 可用於<br>洗碗機 | 不含BPA<br>雙酚A | 耐熱<br>120度 |
|---|---|---|---|---|

恆隆行
**hengstyle**

玩藝 121

# 住在咖啡館 ‧ 獻給家人最美好的自然餐食：
## 減醣女王娜塔的生活提案 & 精選居家減醣料理

作　　者—娜　塔
攝　　影—鄧正乾
妝　　髮—李孟真 ( 小豬 )

責任編輯—周湘琦
封面設計—劉旻旻
內頁設計—楊雅屏
編　　輯—王苹儒
行銷企劃—吳孟蓉
副總編輯—呂增娣
總 編 輯—周湘琦

住在咖啡館 . 獻給家人最美好的自然餐
食 : 減醣女王娜塔的生活提案 & 精選居家
減醣料理 / 娜塔作 . -- 初版 . -- 臺北市 : 時
報文化出版企業股份有限公司 , 2022.08
　面；公分 . -- ( 玩藝；121)

ISBN 978-626-335-325-1( 平裝 )

1.CST: 食譜 2.CST: 健康飲食

427.1　　　　　　　　　　111005516

感謝贊助廠商—**HWC** 黑沃咖啡
　　　　　　　　　　HWC COFFEE

董 事 長—趙政岷
出 版 者—時報文化出版企業股份有限公司
　　　　　108019 台北市和平西路三段 240 號 2 樓
　　　　　發行專線—(02)2306-6842
　　　　　讀者服務專線—0800-231-705　(02)2304-7103
　　　　　讀者服務傳真—(02)2304-6858
　　　　　郵撥—19344724 時報文化出版公司
　　　　　信箱—10899 臺北華江橋郵局第 99 信箱
時報悅讀網—http://www.readingtimes.com.tw
電子郵件信箱—books@readingtimes.com.tw
法律顧問— 理律法律事務所　陳長文律師、李念祖律師
印　　刷— 和楹印刷有限公司
初版一刷— 2022 年 8 月 12 日
定　　價— 新台幣 390 元